A. BOCHER

L'UNIVERS

HIER-AUJOURD'HUI-DEMAIN

PARIS

PAUL OLLENDORFF, ÉDITEUR

28 *bis*, RUE DE RICHELIEU, 28 *bis*

1890

LIBRAIRIE PAUL OLLENDORFF

28 *bis*, RUE DE RICHELIEU, PARIS

L'EMPEREUR GUILLAUME ET SON RÈGNE, par ÉDOUARD SIMON. Un volume in-8°. . . . . 7 fr. 50

HISTOIRE DU PRINCE DE BISMARCK (1847-1887), par ÉDOUARD SIMON. Un volume in-8°. . . . . 7 fr. 50

LA BATAILLE DE SEDAN, LES VÉRITABLES COUPABLES, par le général de WIMPFFEN, histoire complète politique et militaire, d'après des matériaux inédits, élaborés et coordonnés par ÉMILE CORRA. 1 vol. gr. in-18. . . . . 3 fr. 50

LE CAMP RETRANCHÉ DE PARIS, par QUILLET SAINT-ANGE. Un volume in-8°, avec 3 planches lithographiées en couleur. . 5 fr. »

LA DÉFENSE DE BAZEILLES, par GEORGE BASTARD, dessins inédits et croquis d'après nature de A. DE NEUVILLE et L. SERGENT. Un volume in-18. . . . . 3 fr. »

SANGLANTS COMBATS, armée de Châlons 1870, par GEORGE BASTARD avec gravures inédites et d'après nature de E. DETAILLE et P. DE KATOW. Un volume in-18. . . . . 3 fr. 50

LETTRES DU TONKIN, DE NOVEMBRE 1884 A MARS 1885, par RENÉ NORMAND. Un volume in-18. . . . . 2 fr. »

LES COLONIES NÉCESSAIRES : *Tunisie, Tonkin, Madagascar*, par UN MARIN. Un volume in-8° carré. . . . . 2 fr. »

L'ART DE COMBATTRE L'ARMEE ALLEMANDE, par un ancien capitaine d'artillerie. 2 fr. »

CHEZ LES ALLEMANDS, par THÉODORE CAHU, illustrations de CARAN D'ACHE et de JOB. Un volume in-18. . . . . 3 fr. 50

LE JEU DE L'ÉPÉE, leçons de JULES JACOB, rédigées par ÉMILE ANDRÉ, suivies du duel au sabre, du duel au pistolet et de conseils aux témoins. Préfaces de MM. P. DE CASSAGNAC, A. RANC et A. DE LA FORGE. Un volume in-18. . . . . 3 fr. 50

LETTRES POLITIQUES CONFIDENTIELLES DE MONSIEUR DE BISMARCK, publiées par M. HENRI DE POSCHINGER, conseiller au ministère de l'Empire. Traduction française par E.-B. LANG, professeur à l'École spéciale militaire de Saint-Cyr. Un volume in-18. 3 fr. 50

L'ALLEMAGNE TELLE QU'ELLE EST, par JACQUES SAINT-CÈRE. Un volume grand in-18. . . . . 3 fr. 50

FILLES D'ALLEMAGNE, par MATYAS VALLADY. Un volume grand in-18. . . . . 3 fr. 50

LA RÉFORME DE L'ÉTAT-MAJOR. Un volume gr. in-16. 2 fr. »

PLUS D'ANGLETERRE ! Un volume in-16. . . . . 2 fr. »

Paris. — Typ. Georges Chamerot, 19, rue des Saints-Pères. — 23122

L'UNIVERS

HIER-AUJOURD'HUI-DEMAIN

DU MÊME AUTEUR

L'Avenir de l'Europe en face des progrès modernes. . . . . I vol.

La Marine et les progrès modernes . . I vol.

A. BOCHER

L'UNIVERS
HIER - AUJOURD'HUI - DEMAIN

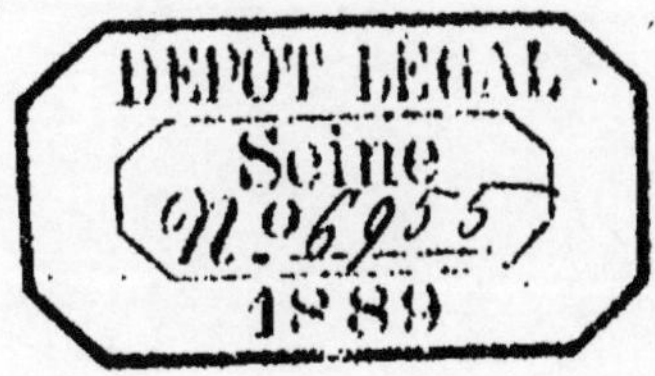

PARIS
PAUL OLLENDORFF, ÉDITEUR
28 *bis*, RUE DE RICHELIEU, 28 *bis*
1890

La fin du siècle approche ! Dans quelques années son histoire appartiendra au passé.

Elle aura à enregistrer le développement le plus extraordinaire qui se soit jamais accompli dans l'œuvre naturelle de l'humanité.

Il est intéressant de mettre en présence les résultats qu'elle a produits en remontant de la date actuelle à celle de leur origine, avec ceux qui doivent en découler dans l'avenir.

Cette comparaison une fois faite, il y aura à établir la balance entre les bénéfices et les pertes que le présent état de choses a procurés à l'humanité.

La conclusion de ce travail sera la recherche des conséquences, dans l'avenir, du fonctionnement de la nouvelle organisation sociale, et l'étude des moyens qu'auraient à employer les gouvernements des peuples pour régulariser les bouleversements qui en seront la conséquence, et en amortir les effets.

Il a été écrit, dans ces temps derniers, bien des pages sur les changements apportés à l'état général du monde par suite des découvertes scientifiques modernes.

On a comparé le présent au point de vue industriel, financier et commercial avec le passé d'il y a cinquante ans, et on a célébré les progrès accomplis dans les relations d'individus à individus, comme de peuples à peuples.

Il a été constaté que la vapeur et l'électricité, ces deux grandes découvertes du siècle, avaient modifié profondément les relations, développé outre mesure les ressources matérielles, changé dans un sens avantageux les conditions de l'existence, augmenté le bien-être général et, en somme, fait avancer la masse humaine dans la voie de la civilisation.

Mais ces constatations se sont toujours appliquées à des faits, pour ainsi dire individuels et n'ont jamais été réunies sous une forme générale permettant d'étudier leur ensemble, non seulement au point de vue du présent, mais encore à celui de l'avenir.

C'est cette étude en deux parties qu'il s'agit d'exposer.

La première, relatant des faits accomplis et en constatant les résultats indiscutables comme réalité, sinon comme opportunité, n'offrira pas matière à grande controverse.

La seconde, qui traitera de l'avenir, et par suite ne pourra recevoir d'autres consécrations que celles que la logique semblera devoir lui imposer, sera bien autrement discutable. Mais quand elle n'aurait d'autre résultat que celui d'exciter l'attention publique, elle aura atteint, en partie, le but en vue duquel elle aura été écrite.

L'UNIVERS

HIER — AUJOURD'HUI — DEMAIN

Le monde dans la période de temps qui a précédé le XIXe siècle.

Le XIXe siècle occupe sans conteste dans l'histoire de l'humanité le premier rang au point de vue des modifications apportées dans l'organisation sociale et matérielle des peuples divers répandus sur la terre.

Aucun de ceux qui l'ont précédé, aussi loin que l'histoire remonte dans le passé, n'a été marqué par un bouleversement général pareil à celui qui s'est produit dans ces cinquante dernières années.

Les civilisations diverses qui ont laissé des

traces dans l'histoire des continents asiatique et européen, les seuls connus jadis, ont toutes demandé pour s'établir une période de temps plus ou moins longue.

La disparition totale des unes, le remplacement des autres par des races et des formes de gouvernement nouvelles, n'ont amené des changements tantôt heureux, tantôt malheureux au point de vue civilisateur, qu'après de longues années et même des siècles; et encore ces changements n'ont-ils été que localisés, et n'ayant aucun effet sur l'ensemble de la multitude humaine.

Que l'on prenne, par exemple, l'Empire Romain; de toutes les puissances anciennes celle qui a brillé du plus grand éclat, et joué le principal rôle dans l'histoire du passé.

A son point culminant, son pouvoir et son influence s'étendaient sur le tiers de l'Europe, sur les pays du Nord de l'Afrique et sur ceux d'Asie riverains de la Méditerranée.

Il était arrivé à y introduire son organisation et ses formes de gouvernement, sans parvenir à modifier ni les mœurs ni les usages des pays soumis, sauf en certaines parties de l'Espagne, de la Gaule et des contrées Danubiennes où l'usage de la langue latine s'était établi.

Quant au restant de l'univers, il en était aussi inconnu qu'à l'époque où Rome était une simple ville du Latium.

Lors de l'invasion des Barbares, de ces hordes sauvages sorties on ne sait d'où, et du mouvement musulman survenu quatre siècles après, les pays d'Asie et d'Afrique se séparèrent complètement de l'Europe qui se morcela en une quantité d'États dont l'histoire est restée intéressante pour les peuples qui les composaient, mais qui, dans l'avenir, jouera certes un bien faible rôle dans celle de l'humanité.

Du VIIe au XVIe siècle pendant mille ans, chiffre respectable comme durée pour l'homme, dont la vie moyenne est de trente années, c'est-à-dire pendant le passage sur la terre de plus de trente générations, quels sont les grands faits qui marquent et peuvent être cités comme ayant modifié l'état social des peuples?

L'imprimerie découverte au XVe siècle en est un : mais entre le moment où Gutenberg a imprimé son premier livre et celui où les résultats de son invention ont réellement fait sentir leur effet, combien de temps s'est-il écoulé !

A partir du XVIe siècle, les progrès de la navigation aboutissant à la découverte du continent américain et établissant des relations commerciales avec les Indes par la voie du cap de Bonne-Espérance, amènent dans la vie des peuples certains changements qui coïncident avec le réveil des lettres et des arts en Italie. Des troubles apportés dans les idées religieuses sort la Réforme, en même temps que la résurrection du naturalisme païen, la revanche de la chair contre seize siècles d'ascétisme chrétien, provoque un nouvel état politique et social, que l'on a qualifié du nom de Renaissance.

La révolution qui s'est opérée à cette époque ne peut pas être niée comme importance, mais c'est presque exclusivement dans l'ordre politique qu'elle s'est fait sentir et toujours dans la partie ouest de l'Europe, la seule qui dans l'univers semblait digne d'attirer l'attention. Ce n'est qu'au XVIIe siècle que l'on apprend l'existence de l'Empire Moscovite. C'est au milieu de ce même siècle que les premiers colons anglais débarquent dans l'Amérique du Nord.

On commence à apprécier les résultats que peut donner la possession par les Européens des pays du Nouveau-Monde, et ceux que le commerce doit retirer des relations avec les pays d'Extrême-Orient. C'est à la marine, qui acquiert très rapidement un développement extraordinaire, que l'on doit ce pas fait en avant.

Le XVIIIe siècle voit s'accomplir des réformes politiques et des progrès matériels de réelle valeur. Les grandes inventions et découvertes modernes y ont toutes leurs commencements.

Les sciences industrielles prennent naissance, en même temps que les sciences politiques. Toutefois ce sont ces dernières qui occupent la première place dans les esprits.

La fin du XVIIIe siècle est marquée par leur triomphe, consacré par la Révolution française; et pendant un quart de siècle l'Europe est bouleversée par une des luttes les plus longues et les plus terribles que l'histoire ait mentionnées.

Lorsqu'en 1815 le traité de Vienne la termine, c'est toujours l'intérêt individuel qui en dicte les textes, en dépit de l'insistance du prince de Metternich à n'invoquer que les principes de l'intérêt général.

Au point de vue humain, entre les traités de Westphalie, de Nimègue, d'Amiens, de Vienne, quelle différence y a-t-il?

Grâce à ce dernier, les peuples divers se connaissent-ils davantage? Leurs rapports sont-ils plus cordiaux et plus développés?

Les communications entre pays, entre provinces et même entre villes sont-elles plus fréquentes?

Le bien-être matériel est-il supérieur à celui des temps passés?

Les services publics, ceux concernant la santé, la charité, sont-ils mieux organisés? Certainement, non!

Les haines de peuples à peuples sont excitées plus qu'à aucune autre époque.

La seule conquête réalisée dans un petit nombre de pays est le respect de l'individu et de la liberté humaine.

C'est quelque chose! mais pour obtenir ce résultat, point n'aurait été nécessaire de tuer tant de millions d'hommes!

Le monde vers 1830.

Le tableau de la terre habitée de 1815 à 1830 est intéressant à connaître. A cette date, l'Europe ne différait guère de ce qu'elle était avant 1789.

Les luttes militaires dont elle avait été le

théâtre pendant vingt-cinq ans l'avaient quelque peu modifiée au point de vue politique : mais c'était tout. La guerre, en absorbant toutes les forces vives des peuples qui l'habitaient, avait empêché tout développement utile dans les arts, les sciences, et dans les choses de la paix. Parmi les nations qui s'intitulaient européennes et avaient été les signataires des traités de Vienne il en était deux, la Russie et l'Autriche, dont les territoires, pour une grande partie, ne comptaient ni comme valeur géographique ni comme population.

L'Empire Turc, mis à l'écart, en dépit de l'importance de ses possessions en Europe, était encore bien plus ignoré. Tout le pays au sud du Danube, autrichien ou turc, n'avait pas d'histoire !

C'était tout simplement la moitié de l'Europe dont il n'était pas tenu compte dans les calculs et dans les appréciations des gouvernants de l'époque.

Il est vrai que son état de barbarie, pour

employer le nom qui convient, était tel que l'ignorance de son existence eût été presque excusable, la suprématie de l'autre moitié étant incontestable ; mais c'était loin d'être ainsi. Certes, l'état de civilisation et le degré d'instruction et de connaissances de toutes sortes étaient relativement avancés chez les classes dirigeantes des pays européens. Mais les masses demeuraient aussi ignorantes que par le passé et l'état général était le même qu'au siècle précédent.

Les divers pays étaient séparés les uns des autres encore plus par les préjugés et les haines que par les barrières de douanes, et les difficultés qu'accumulaient les lois de police et de quarantaine. Les moyens de communication par suite de l'absence de routes étaient presque nuls. Ils n'existaient à l'état de voies nationales que de grandes villes à grandes villes.

Il fallait pour un courrier plus d'un mois pour se rendre de Paris à Saint-Pétersbourg, et six semaines pour atteindre Constantinople ;

le voyage de Paris à Londres exigeait une semaine ; la durée de la traversée d'Europe aux États-Unis du Nord variait de un mois à six semaines. Quant aux voyages aux pays d'Asie, dans les mers de Chine, les bâtiments de commerce qui les effectuaient mettaient de un an à quinze mois pour l'aller et le retour.

Dans les contrées d'Europe les plus civilisées, les routes intérieures étaient en nombre très restreint. L'Angleterre seule passait pour en posséder un réseau relativement complet. En France, en dehors de celles portant le nom de royales et qui reliaient Paris avec les grandes villes et les ports importants, il n'en existait point. La loi de 1836, en décrétant la création des routes départementales, devait inaugurer le système que l'invention des chemins de fer allait quelques années après développer si puissamment.

Les autres sources d'alimentation du travail et par suite de la richesse publique étaient dans le même état arriéré.

Les progrès faits dans les derniers temps,

dans les sciences appliquées à l'industrie, étaient demeurés localisés aux endroits de leur découverte.

Les connaissances agricoles et commerciales étaient restées stationnaires ; seules les sciences littéraires et politiques, apanage d'une élite d'esprits, restreinte comme membres, avaient progressé, mais sans pouvoir pénétrer dans les masses et se généraliser par suite de l'absence des moyens de publicité, par voie de presse ou de librairie.

Si, après l'Europe, on passe en revue le reste du globe, le spectacle qu'il présente est encore bien plus triste : c'est en face de la barbarie presque pure que l'on se trouve.

En Asie, les pays en relations avec l'Europe sont ceux appartenant à l'Empire Ottoman, l'Inde, la Chine et le Japon. Quant aux autres parties de cet immense continent, les géographes seuls les connaissent de nom, et sans posséder aucune notion sur leur état.

Avec les premiers, les ports européens de la Méditerranée sont en communication commerciale, continuant ainsi les traditions d'une époque antérieure, mais en décroissance sur ce qu'elle avait été au temps de la prospérité des Vénitiens et des Génois.

L'Inde, où la domination anglaise s'est établie sur des bases solides, est seule à avoir subi une transformation dans le sens civilisateur.

La Chine, ouverte au commerce anglais par l'importation de l'opium dans les dernières années du XVIIIe siècle, commence à être connue autrement que par les récits des missionnaires.

Quant au Japon, il n'a avec l'Europe d'autres rapports que ceux représentés par le chargement de deux navires hollandais qui chaque année viennent échanger à Nangasaki quelques tonnes de produits indigènes contre un même nombre de marchandises européennes.

En dehors des connaissances que pouvaient procurer, concernant ces quatre pays, les relations commerciales précitées, l'ignorance était complète touchant leur organisation, leur constitution politique, le chiffre de leur population et les richesses qu'ils renfermaient. On en était resté aux écrits des missionnaires et des quelques voyageurs assez heureux pour en être revenus.

L'Afrique, le continent noir, était absolument inconnu. La partie nord, baignée par la Méditerranée, dépendant de l'Empire Ottoman, était livrée à la barbarie. Sur la côte orientale, le Sénégal français et, à son extrémité sud, la Colonie du Cap représentaient sur des espaces de quelques lieues l'élément européen.

L'Océanie était demeurée ce qu'elle était au temps où les Cook et les Bougainville en découvrirent les nombreuses îles. Les Espagnols, les Hollandais, les Portugais y avaient quelques établissements aux Philippines, aux îles de la Sonde et aux Moluques.

Les Anglais venaient de fonder à la Nouvelle-Hollande leur premier établissement pénitentiaire, ne se doutant pas du sort qui attendait les descendants des malheureux que la loi condamnait à mourir loin de leur pays.

Restent les deux Amériques. Dans celle du Nord, trois peuples seuls en occupaient le vaste territoire : les Anglais au Canada, les Espagnols au Mexique et les Américains des États-Unis dans les contrées qui s'étendaient du golfe du Mexique aux confins du Canada.

Le Mexique, depuis le jour où la séparation avec l'Espagne s'était accomplie, avait perdu l'importance acquise pendant le siècle précédent. Ruiné par la guerre civile, il s'était trouvé isolé de l'Europe.

Les États-Unis avaient employé les cinquante ans qui les séparaient, en 1830, de la date de leur émancipation, au développement des ressources inépuisables qu'offre un territoire doté par la nature de tous les biens les plus précieux. Leur population atteignait le chiffre de près de 10 millions d'habitants répartis presque exclusivement le long des côtes de l'Atlantique et dans les provinces que la civilisation européenne, représentée par les Français et les Espagnols, leurs premiers possesseurs, avaient mises en valeur.

Les colonies que ces deux peuples avaient conservées dans le golfe du Mexique, Cuba et les Antilles, gardaient, surtout la première, une certaine importance. Le Canada était resté, sans changement, colonie anglaise.

L'Amérique du Sud s'était affranchie comme le Mexique de ses liens avec la mère patrie. Le Brésil s'était séparé du Portugal et était demeuré une monarchie. Les autres pays, tous appartenant à l'Espagne, s'étaient constitués en républiques n'ayant entre elles d'autres liens que leur origine commune.

Livrées aux luttes intestines qui avaient suivi la proclamation de leur indépendance, ces nationalités nouvelles ne jouaient dans le concert européen qu'un rôle des plus modestes.

Tel était, esquissé à grands traits, sans entrer dans les détails que comporterait l'étude de chaque pays au point de vue social, politique et commercial, l'état du globe habité aux environs de l'an 1830.

L'univers en 1890.

Combien est différent le spectacle que présente le monde à l'heure actuelle !

Soixante ans se sont écoulés et dans cet espace de temps, un instant pour ainsi dire dans la vie de l'humanité, quels changements se sont accomplis !

Cet instant a suffi pour amener une transformation que l'œuvre de nombreux siècles n'a jamais pu égaler dans les temps passés.

En ne faisant porter la comparaison que sur l'Europe, ce qu'elle était au IXe siècle sous Charlemagne et au commencement du XIXe, la différence est moins grande que celle constatée entre cette dernière date et l'époque présente.

Le tableau qui a été dressé de l'état du

globe vers 1830 est intéressant à refaire aujourd'hui. La part principale qui s'impose à l'observation est le développement de la race humaine, et la venue au jour, à l'existence, de nationalités pour ainsi dire inconnues jusqu'alors.

En Europe, dont l'examen s'impose tout d'abord, sont apparus des pays absolument ignorés il y a un demi-siècle. Les principautés Danubiennes, la Bulgarie, la Serbie, le Monténégro, la Bosnie, la Grèce[1] même, dont le nom et les souvenirs seuls n'avaient pas disparu de la mémoire humaine, n'existaient pas; on savait vaguement qu'ils constituaient une partie importante de l'Empire Ottoman. Leurs populations, leurs mœurs, leurs ressources agricoles, leurs richesses, étaient choses inconnues.

De même pour la plus grande partie de la Russie. On connaissait l'étendue de son territoire sur la carte; mais en dehors des pro-

1. En 1830, le royaume de Grèce était bien constitué, mais de nom seulement.

vinces frontières, soit terrestres, soit maritimes, qui aurait pu en dire la valeur ? Le czar lui-même ignorait les éléments de puissance qu'il possédait et qui appartiennent à ces régions aujourd'hui les plus riches de son empire.

Dans le sud de l'Italie, en Sicile, dans certaines parties de l'Espagne, et même dans le Nord de l'Allemagne, combien de changements survenus qui ont mis des contrées presque sauvages au même niveau que les plus civilisées !

Aujourd'hui il n'est plus en Europe un coin de terre, pour ainsi dire, qui ne soit connu, apprécié à peu de choses près à sa valeur et dont l'utilité n'ait son importance dans l'ensemble de la richesse générale.

En Asie, les progrès, sans être aussi apparents qu'en Europe, n'en sont pas moins considérables. Les possessions russes, en Sibérie et en Caucasie, sont connues et ouvertes au commerce. La puissance du Czar Blanc domine cet immense territoire qui s'étend de la mer

Caspienne aux frontières de la Chine et de l'Afghanistan.

Les progrès faits par l'Inde dans la voie civilisatrice, les améliorations matérielles dont elle a été l'objet l'ont transformée complètement au point de vue politique, et ont développé sa puissance productive dans des proportions incalculables.

La Chine, cet empire de 400 millions d'hommes, dont les échanges avec les barbares étrangers étaient bornés à deux denrées principales avec l'Angleterre, leur a ouvert ses portes, et est entrée résolument dans la lice commerciale et industrielle.

Elle y a pris en peu de temps un rang si prépondérant, que déjà, après vingt-cinq ans à peine de contact avec les Anglais et les Américains, elle leur inspire des craintes qui se traduisent par la promulgation de lois en opposition absolue avec l'esprit de celles auxquelles ils ont dû leur existence et leur force comme nations.

Le Japon offre un exemple bien plus frappant

encore d'un changement qui est véritablement inexplicable par suite de la rapidité et de la facilité avec lesquelles il s'est produit. Il y a trente ans, le Japon était absolument fermé. La peine de mort existait pour tout étranger qui volontairement ou involontairement mettait le pied sur son territoire. Les seules relations commerciales qu'il avait avec l'Europe s'effectuaient, ainsi qu'il a été dit plus haut, par l'entremise de deux navires hollandais qui venaient à Nangasaki, chaque année, échanger leurs marchandises contre celles du pays.

En 1858, un traité passé avec les États-Unis donne aux étrangers le droit d'accès au Japon et autorise avec eux tous rapports commerciaux et autres.

Aujourd'hui le Japon est devenu absolument européen. L'administration, l'armée, les lois, se sont modifiées d'après les divers modèles existant en Europe. L'usage des chemins de fer, du télégraphe, du téléphone, y a été accepté et mis en pratique plus rapidement que dans nombre de pays dits civilisés.

L'industrie a suivi la même marche : à l'Exposition de 1878, le Japon a obtenu trois médailles d'or. Il est le représentant le plus surprenant de la transformation moderne.

Cette transformation, à un degré moindre, mais toutefois important, s'est imposée à l'Afrique.

La physionomie de l'Algérie, de la Tunisie et de l'Égypte a singulièrement changé depuis l'époque où la première n'était qu'un repaire de pirates, et où les deux autres provinces turques n'avaient ni autonomie, ni commerce, ni relations extérieures.

Les côtes du continent noir sont aujourd'hui occupées par les colonies de tous les peuples européens, la civilisation s'est avancée dans l'intérieur à des centaines de kilomètres et dans la carte d'Afrique actuelle on ne reconnaîtrait pas celle même récente qui ne reproduisait que des déserts et des pays inconnus. Les fonds d'États, les chemins de fer, les mines d'Afrique, sont cotés aux Bourses européennes.

Quel serait l'étonnement des navigateurs du siècle dernier, et même de ceux qui, comme Dumont d'Urville, leur ont succédé soixante ans après si, recommençant leurs explorations d'antan, ils abordaient aux îles et aux continents de l'Océanie !

A la place de ces tribus sauvages, de ces populations nues et complètement primitives, ils verraient des villes, des ports, habités par une race nouvelle dont les mœurs, les coutumes, les législations ne diffèrent en rien de celles des nations européennes.

La Nouvelle-Hollande, avec ses villes de plusieurs centaines de milliers d'habitants, ses fortunes individuelles colossales, ses ressources naturelles inépuisables, n'est encore exploitée que sur la centième partie à peine de son territoire et représente déjà un État de premier ordre[1].

La Nouvelle-Zélande est aujourd'hui un

1. C'est en 1835 que s'établit le premier colon en Australie et qu'eut lieu l'introduction des premiers animaux de bétail. Aujourd'hui la population européenne atteint le

pays purement anglais. A la fin du présent siècle, la race aborigène aura totalement disparu.

Ce n'est plus une transformation comme celles qui viennent d'être passées en revue, c'est une création spontanée qui s'est opérée dans l'Amérique du Nord, pour la partie tout au moins comprenant les États-Unis.

Rien pour ainsi dire de ce qui constitue cette puissance formidable n'existait au commencement du siècle. En 1830, les États-Unis comprenaient une douzaine d'États presque tous côtiers de l'océan Atlantique avec une population de dix millions d'habitants.

Des côtes de l'Ouest à celles du Pacifique ces terrains immenses de millions d'hectares de superficie ne comptaient d'autres habitants que des tribus d'Indiens vivant de la chasse et de la pêche et y laissant régner la végéta-

chiffre de 1 million. Celui des têtes de bétail dépasse 100 millions. Le nombre de kilomètres de voies ferrées monte à près de 4000. Les revenus publics sont de 175 millions de francs.

tion livrée à elle-même depuis l'origine des siècles.

Aujourd'hui ils font vivre une population de quatre-vingts millions d'êtres humains répartie en quarante-six États. Et ce n'est qu'un commencement.

Le territoire appartenant à la République, cultivé comme celui de la France, pourrait nourrir un milliard d'habitants.

Le Mexique, sorti de l'ère des prononciamientos et des guerres civiles, est devenu un État de premier ordre.

Moins grand a été le changement apporté dans l'économie de la partie Sud du continent américain quand on le compare à celui qui a transformé la partie Nord; mais il n'en a pas moins une importance extraordinaire. Qui reconnaîtrait, en se reportant à l'époque qui sert de point de départ à la présente étude, dans les peuples riches et prospères dont l'existence est liée, par les intérêts et les idées, aux nations européennes, ceux qui n'avaient su, pendant de longues années, employer leurs libertés conquises qu'à des luttes fratricides et barbares[1] ?

Le genre humain a vu ainsi s'accomplir dans la moitié d'un siècle une révolution sans précédent et dont la pareille ne se reverra sans doute jamais.

Quelle en a été la cause? Quelle en a été la force inconnue jusqu'alors? Qui a pu produire un pareil effet?

Tout simplement le développement pratique de deux inventions déjà connues, mais qui n'étaient pas sorties, pour ainsi dire, du laboratoire des savants : la vapeur et l'électricité.

C'est à la facilité des communications maté-

1. Il suffira de constater les progrès accomplis au Brésil dans les vingt-deux dernières années.

D'après l'ouvrage de M. Santa Anna Néry, dans cette période de temps, le chiffre de la population a passé de 10 à 14 millions; celui de l'immigration annuelle de 10 000 à 132 000 (en 1888, sur ce dernier chiffre d'immigrants, les Italiens comptèrent pour 100 000 (M. Crispi connait-il ce détail?); celui du commerce extérieur, de 600 à 1250 millions.

Les recettes budgétaires sont montées de 233 à 570 millions. On a construit près de 10 000 kilomètres de chemins de fer

rielles par la première, et de celles intellectuelles par la deuxième que sont dus, sans exception, tous les changements survenus, et le remplacement d'un passé barbare pour la plus grande partie de la population humaine, par un présent qui lui est incontestablement supérieur.

Certains esprits voudraient attribuer au triomphe des idées philosophiques et libérales, à leur application à la politique moderne inaugurée à la fin du siècle dernier, une partie, même la plus importante, de cette transformation. C'est une illusion hantant généralement les politiciens qui veulent que les masses se préoccupent, dans le cours ordinaire de l'existence,

représentant un capital de 1 560 millions. 9 000 autres kilomètres sont dès maintenant concédés. Les établissements de crédit et d'escompte se sont multipliés. Le papier-monnaie, après avoir longtemps perdu au change, fait aujourd'hui *prime sur l'or!*

La transformation des provinces de la République Argentine, dont l'ouvrage si intéressant de M. Daireaux a fait connaître l'historique, présente des résultats aussi importants, sinon plus peut-être, que ceux dont il vient d'être parlé pour le Brésil.

d'autres choses que des questions qui touchent leurs intérêts matériels, et avant tout leurs moyens de vivre. Certes, il est des moments dans l'histoire où l'esprit domine la matière, et réduit à néant le rôle de cette dernière ; ce sont ces époques de luttes pour des idées politiques et surtout religieuses et l'humanité en a été souvent troublée. Toutefois le théâtre où elles se sont produites n'a jamais eu une grande étendue. Leur effet est resté circonscrit à deux ou trois pays limitrophes.

Les grandes idées de 89 n'avaient remué qu'une faible partie de l'Europe et leur influence sur la vie matérielle des peuples qui les avaient acceptées ne leur avait procuré aucune amélioration.

Influence des progrès matériels sur l'état général du monde.

Les rôles sont retournés aujourd'hui et si les idées civilisatrices de l'Europe occidentale ont fait un certain chemin après cinquante ans, c'est aux causes purement matérielles qu'elles le doivent.

Il faut le reconnaître, c'est le côté matérialiste qui domine l'époque actuelle et cette constatation est malheureusement de nature à soulever bien des polémiques et à déprécier, aux yeux de nombre de gens sensés, les bienfaits apparents qu'elle offre aux générations présentes et surtout futures. Le bonheur sur cette terre est le grand désidératum de l'universalité des humains! Le définir d'une façon absolue est impossible. Mais si le développement du bien-être matériel est un de ses facteurs, son effet reste subordonné à celui des mobiles intellectuels et moraux qui distinguent l'homme de la bête. On n'est jamais heureux que comparativement. On se trouve bien de manger deux plats à son repas, au lieu d'un seul ; de porter des vêtements élégants et de pouvoir en changer souvent, au lieu de n'en porter qu'un à chaque saison; de faire en quelques heures un trajet qui demandait auparavant deux ou trois jours pour être effectué; de recevoir instantanément des nouvelles qui auraient exigé des mois pour être annoncées. Mais ces avantages, on ne les apprécie que parce qu'on les a vus se produire.

Celui qui, au reçu d'une dépêche, se rend de Paris à Marseille en quinze heures et se souvient qu'il lui a fallu jadis huit jours pour faire ce trajet, se trouve heureux des progrès accomplis. Mais ses enfants ou plutôt ses petits-enfants, qui n'ont jamais connu d'autre moyen de locomotion, pour effectuer ce voyage, que le chemin de fer, ne peuvent pas comprendre son bonheur et se plaignent d'un retard d'une demi-heure à leur arrivée, tout comme on se plaignait de celui d'une demi-journée au temps des diligences.

Les Parisiens qui se rappellent les réverbères se montrent satisfaits de les voir remplacés par l'électricité; ceux qui naissent aujourd'hui trouveront peut-être cet éclairage très défectueux. Et ainsi de tout ce que l'on intitule progrès matériels.

Toutefois ces progrès existent, et il est intéressant de constater les modifications qu'ils ont apportées à l'organisation des sociétés en laissant de côté les appréciations philosophiques et morales qu'ils soulèvent touchant leur influence sur le sort de l'humanité.

Le fait capital résultant des découvertes modernes est le rapprochement des hommes entre eux et par suite des relations qui en sont la conséquence, l'affaiblissement des haines et des préjugés qui les séparaient jadis les uns des autres. Il y a trente ans, comme il a été dit plus haut, la peine de mort frappait tout Européen qui mettait le pied sur la terre du Japon. Aujourd'hui, c'est peut-être le pays où les étrangers sont le mieux accueillis. Et il n'est pas besoin d'aller chercher si loin un exemple de ce que peut amener la connaissance de peuple à peuple.

Depuis que les chemins de fer et les télégraphes ont supprimé les Pyrénées, on ne peut nier le changement qui s'est produit dans les sentiments des descendants de la génération espagnole qui avait combattu les soldats de la France lors du premier Empire.

Même entre la France et l'Allemagne que la politique rend encore ennemis, on doit constater un apaisement [1] dans les passions qui

1. L'Exposition y a beaucoup contribué !

Malgré la crainte d'un mauvais accueil qui a empêché un assez grand nombre d'Allemands de venir à Paris, le chiffre de ceux qui ont eu le courage de le braver a été encore considérable. On l'estime à plus de deux cent mille. Il n'en est pas un seul qui ait eu à s'en repentir.

Voici à ce sujet un fait assez caractéristique :

Au troisième étage de la tour Eiffel, vers la fin d'août, on avait installé un service de cartes postales, dont il a été envoyé 8000 en un jour.

L'indiscrétion était permise aux employés chargés de l'expédition. Or, il a été constaté que pas une des cartes à destination d'Allemagne (et elles se chiffrent par milliers) ne contenait une note malveillante pour la France, et contrastant, s'il en eût été autrement, avec les sentiments sympathiques des autres peuples pour elle.

L'annexion à l'Allemagne de l'Alsace-Lorraine, œuvre du parti militaire allemand, est peut-être le fait le plus malheureux pour l'humanité que l'histoire ait enregistré ; c'est à lui, à lui seul, que l'Europe entière doit l'état désastreux et anormal auquel elle est condamnée depuis 20 ans et dont elle ne sortira probablement que par une conflagration générale, dont le résultat indiscutable sera le passage de la suprématie aux mains de pays nouveaux.

les animaient il y a vingt ans l'une contre l'autre. Que la fatale question de l'Alsace-Lorraine se résolve dans le sens de l'équité et de la justice et les deux nations n'auront que des relations amicales que leur imposent leurs intérêts.

Demandez aux milliers d'Anglais qui chaque année passent la Manche pour venir en France ce qu'ils pensent de leurs voisins jadis si détestés.

Les rapports qui se sont établis entre tous ces peuples ont amené dans les intérêts commerciaux et financiers une telle connexité, que leur cessation ou même leur arrêt temporaire ne peuvent plus être subordonnés au caprice de la politique ou à la volonté des gouvernants, comme à l'époque où la richesse apparente des États dépendait des succès obtenus par la guerre qui leur donnait la victoire.

Les conséquences d'un conflit entre deux peuples amèneraient aujourd'hui un tel bouleversement dans l'état de ceux même les plus éloignés et les plus indifférents en apparence à ses résultats que les efforts se produisent de toutes parts pour l'éviter.

L'organisation actuelle des armées, en appelant à servir en cas de guerre la partie la plus active et la plus jeune du pays, sert à augmenter encore les chances qu'elle a de ne pas éclater en mettant du côté de celles de la paix, non seulement les instincts généraux, mais surtout les sentiments de famille. Il y a cent ans, la guerre pouvait durer des années entières sur les bords du Rhin, entre la France et l'Autriche par exemple, sans que les effets se fissent sentir dans les provinces éloignées du théâtre de l'action, où souvent même elle était ignorée. Aujourd'hui, qu'elle arrive à éclater entre la France et l'Allemagne, ce sont cent millions d'êtres en proie aux inquiétudes et au désespoir.

Quant aux intérêts, qu'en adviendrait-il? Ce n'est pas seulement ceux des deux pays appelés à la lutte qui auraient à en souffrir; ce sont ceux du monde entier. Avec l'organisation actuelle des Bourses européennes, qui se trouvent toutes solidaires, le télégramme annonçant la néfaste nouvelle produirait un désarroi général. Toutes les valeurs, quelles qu'elles soient, seraient dépréciées.

La misère serait générale en ce qui touche la richesse financière.

De même pour le commerce et l'industrie!

Le mal de l'un n'amènerait pas comme autrefois le bien de l'autre.

Si, accidentellement, un pays éloigné du théâtre de la guerre semblait devoir en tirer profit d'un certain côté, il reperdrait de l'autre plus qu'il n'a gagné.

Ce serait un désastre universel! Et, quelle que soit l'importance de la victoire obtenue, le vainqueur ne trouverait jamais, à beaucoup près, la compensation de ce que la victoire lui aurait coûté.

Que l'Allemagne montre ce qui est advenu des 5 milliards payés par la France en 1870 et de l'annexion de l'Alsace-Lorraine. Ce serait bien pis aujourd'hui!

Certes, le sentiment jouera toujours un rôle

important dans la politique. L'amour-propre, l'orgueil, les idées de gloire, la dirigeront parfois encore.

On ne peut donc pas dire que la guerre est désormais chose impossible; mais il est certain qu'elle trouvera dans les questions d'intérêt un contrepoids aux passions, éléments malheureusement inhérents à la nature humaine, et toujours faciles à exploiter par les politiciens qui l'ont jusqu'ici presque toujours seules provoquée[1].

Voici donc un premier résultat d'une importance capitale obtenu au profit de l'humanité entière.

En seconde ligne arrive la suppression complète, sinon aujourd'hui, du moins dans un délai très rapproché, de ces calamités provo-

1. La politique de l'Italie, représentée par Crispi, offre, en ce moment, un exemple de l'influence des passions, en opposition avec les intérêts. Mais rien ne prouve que le sentiment général du peuple italien soit en faveur de sa continuation, et que les jouissances de vanité qu'il en a retirées lui fassent supporter longtemps les sacrifices dont il les a payées.

nant de manques absolus de récoltes, qui causaient la mort de millions d'êtres que l'absence de communications rendait inévitable.

Parmi les motifs d'accusation qui amenèrent le fameux procès de Warren Hastings (il y a moins d'un siècle), se trouvait la responsabilité qui lui incombait d'avoir provoqué la mort de dix millions d'Hindous, par suite du remplacement, dans la province du Bengale, des plantations de riz par celles de l'opium. Cette mesure inaugurait le commerce de cette denrée avec la Chine qui devait donner à l'Angleterre une somme indéfinie de richesse.

Warren Hastings, dans sa défense, se contenta de déclarer qu'il n'avait été guidé, dans la prise de cette mesure abominable, que par l'intérêt de l'Angleterre.

Aujourd'hui pareil expédient pourrait être employé sans amener un résultat aussi épouvantable, auquel obvieraient des approvisionnements amenés des provinces limitrophes.

A des époques récentes, dans les pays de

populations nombreuses tels que la Russie, la Chine, l'Inde, des catastrophes semblables quoique moins graves se sont reproduites. Encore quelques années, elles deviendront impossibles. De même pour les épidémies, pour ces fléaux sortis presque toujours de l'Asie, qui s'abattaient sur les terres d'Europe et y causaient les ravages que l'histoire a enregistrés.

Grâce au télégraphe, on peut les signaler à leur point de départ, et prendre à leur égard des mesures de préservation qui, si elles ne peuvent pas les enrayer complètement, diminuent les chances qu'elles ont de se développer et de s'étendre dans les mêmes proportions qu'autrefois.

A ces trois bienfaits incontestables, dus à la vapeur et à l'électricité, il faut ajouter celui qu'a assuré la découverte des procédés anesthésiques et leur application à la diminution et même à la suppression de la douleur physique.

La science et le hasard, en mettant au jour

les qualités de l'éther, du chloroforme, de la morphine, de la cocaïne, ont rendu au genre humain le plus grand service qu'il ait jamais pu rêver. Car la souffrance est de tous âges et de tous temps, et nulle jouissance ne peut être comparée à celle qui consiste dans la suppression de cette souffrance; à permettre au corps humain de supporter les opérations les plus douloureuses, et même à mourir sans passer par les épreuves naturelles et presque toujours atroces de la mort[1].

A la même époque et concurremment avec les développements incessants et merveilleux de l'application de la vapeur et de l'électricité,

1. Il est un cinquième bienfait dont la réalisation dépend de la découverte de la direction pratique des ballons. Cette découverte, dont la date est seule contestable, aura sur l'état social des influences multiples.

La plus importante sera la suppression forcée des guerres *modernes*, et ce pour une raison bien simple.

Du moment qu'avec un ballon on pourra planer au-dessus des états-majors princiers et les foudroyer au moyen des engins destructifs que l'on invente chaque jour, on peut être assuré que les déclarations de guerre deviendront plus que rares. Si l'on se bat, ce sera autrement, et la guerre en ballons ne nécessitera pas des millions de combattants.

surgissaient d'autres découvertes de valeur moindre, mais toutefois telles qu'elles eussent suffi, à une époque moins riche au point de vue scientifique, pour lui donner une place importante dans l'histoire de l'industrie humaine. Il suffit de citer : le gaz, employé comme éclarage et comme chauffage; la photographie, la machine à coudre, les produits de toutes sortes découverts par la chimie, et enfin les progrès extraordinaires obtenus par la métallurgie et la mécanique.

C'est à cet ensemble, utilisé et mis en pratique d'abord par les peuples d'Europe occupant le premier rang sur terre, adopté ensuite immédiatement par ceux qu'ils avaient considérés comme devant être leurs tributaires pendant un temps long encore, que l'univers presque entier doit son état présent, dont l'Exposition universelle, qui attire en ce moment tous les peuples à Paris, est la reproduction exacte sous la forme à la fois la plus séduisante et la plus réelle.

Le bonheur général s'est-il accru en raison des progrès matériels réalisés?

C'est à ce moment d'exaltation bien légitime de l'orgueil humain qu'il est intéressant d'étudier les effets déjà obtenus dans l'organisation sociale résultant de l'état actuel des choses.

Cette étude, portant sur les faits d'ordre matériel, doit rester étrangère à toute appréciation politique.

Pour tout esprit impartial, ce facteur qui malheureusement joue un si grand rôle dans la vie des peuples n'a rien à voir dans les progrès scientifiques ou industriels accomplis depuis un demi-siècle.

La preuve en est que tous les pays qui en ont profité ont les gouvernements les plus divers. Pour ne citer que la France qui, dans ce délai de temps, en a vu trois formes se succéder chez elle, on peut affirmer qu'elles ont eu la même part dans la réussite finale. La monarchie de Juillet régnerait encore, la République qui l'a remplacée en 1848 n'aurait pas été renversée par l'Empire en 1852 ; ce dernier n'aurait pas cédé la place à la République actuelle, que pas une des nouveautés du Champ-de-Mars ne manquerait au catalogue de l'Exposition.

L'importance du rôle que joue la France à l'époque présente en dépit des malheurs qui l'ont frappée en 1870 sans toutefois l'abattre, autorise le choix qui va être fait d'elle pour l'étude présente. Elle soulèvera certes des contradicteurs ; les étrangers récuseront évidemment certaines des conséquences qu'elle a pour but de mettre au jour. Leurs observations porteront sur leur opportunité, sur la question du temps nécessaire à leur accomplissement, mais sur le fond même des observations ils seront forcés d'en accepter la justesse, basée sur des faits indéniables.

En l'an présent 1889, le peuple français est-il plus heureux qu'il y a soixante ans ?

Incontestablement oui, si l'on considère

qu'il est mieux logé, mieux nourri, mieux vêtu, plus riche en un mot!

Dans toutes les classes de la société, pour celles aisées comme pour les pauvres, les conditions matérielles de la vie se sont améliorées, amenant chez les premiers tous les développements du luxe, et chez les autres rendant plus supportable leur pauvreté. La misère qui était le lot de nombre de malheureux a pour ainsi dire disparu pour faire place à un état excluant toutes les souffrances qui étaient l'apanage de sa devancière.

Les revenus de toute espèce, provenant de la terre ou de l'industrie, se sont accrus dans une proportion énorme; la main-d'œuvre a plus que doublé pour l'ouvrier des campagnes comme pour celui des villes. Il est vrai que tout a augmenté de prix; mais la balance n'en reste pas moins favorable à la masse des consommateurs.

On est mieux logé. Dans les villes, les rues infectes qui s'y trouvaient comme les témoins du moyen âge, ont disparu pour faire place à des voies larges, éclairées, bordées d'hôtels e de maisons qui auraient été jadis des palais. Là où l'air manquait et où le soleil n'avait jamais paru, on a établi des places spacieuses, des squares, des promenades dont l'influence bienfaisante se fait sentir et est démontrée par la diminution de la mortalité chez les jeunes enfants qui sont ceux qui en profitent le plus.

La voirie s'est améliorée considérablement; l'eau et la lumière, les moyens de locomotion, satisfont aux besoins des populations. Bref, l'état général des villes laisse peu à désirer. Il en est de même dans les campagnes. Il y a déjà longtemps que les masures qui servaient d'abri aux paysans, ont fait place à des maisons saines et confortables. Le chaume a été remplacé par la tuile et l'ardoise. Il n'y a guère de villages, quelque petits qu'ils soient, où l'on ne trouve les choses indispensables à la vie. Il n'y a pas jusqu'aux animaux de bétail dont les conditions de logement et de soins nécessaires à leur santé ne soient améliorées.

Il est superflu de dire que les changements apportés dans les objets mobiliers des villes et des campagnes ont suivi la même progression.

Pendant que les tableaux de maître et les objets d'art entraient dans les hôtels des gens riches, les photographies et les meubles à bon marché pénétraient chez les petits.

Donc, pour la question de logement, réussite générale.

Pour celle de la nourriture, le progrès est tout aussi important et se fait sentir peut-être plus pour les classes pauvres que pour les autres. Le paysan et l'ouvrier mangent plus et mieux qu'il y a cinquante ans. L'usage de la viande et des boissons diverses est devenu général. La question du prix du pain au point de vue de l'alimentation publique a cessé d'avoir l'importance d'autrefois. Les fluctuations de son prix au détail ne sont plus de nature à préoccupation. Il ne peut varier que de quelques centimes par livre. Le temps des pactes de famine est passé pour ne jamais revenir.

Les riches ont un luxe de table supérieur à celui d'autrefois, comme quantité de mets, sinon comme préparation.

Le nombre des restaurants, des cafés, des brasseries a décuplé. La bière et la limonade ont envahi toutes les rues et toutes les places. Il n'est pas de hameau où l'on ne rencontre deux ou trois débitants de café et de liqueurs.

La liesse est universelle.

L'article vêtements est peut-être celui qui a le plus progressé. Grâce à la machine à coudre et aux améliorations obtenues dans la fabrication des tissus, contrairement à la marche ascendante du prix de toutes choses, le leur est au contraire descendu et devenu tel qu'il est à la portée de toutes les bourses, quelque faible que puisse en être le contenu.

On peut dire que le nombre d'ouvriers n'ayant pas deux vêtements, l'un de travail et l'autre pour s'habiller le dimanche, est très peu considérable ; et que sous ce rapport l'époque actuelle ne ressemble guère à celle où la masse des paysans ne possédait que des vêtements de toile et marchait en sabots, sinon nu-pieds.

Mieux logé, mieux nourri, mieux vêtu qu'autrefois, le Français jouit, en plus, de tous les avantages résultant des découvertes et inventions modernes qui mettent à sa portée les choses utiles et superflues de l'existence.

La suppression de la distance, la facilité du déplacement, la rapidité des communications postales et les conséquences qui en découlent dans les actes de la vie, les plaisirs et les distractions de toutes natures s'offrant sous toutes les formes et tous les prix à l'individu isolé aussi bien qu'aux masses, tout, en un mot, contribue à l'amélioration de son bien-être et de sa vie animale.

Il n'y a pas de doute à émettre, le sort du Français est plus heureux en 1889 qu'il y a soixante ans, au point de vue matériel.

Reste à connaître la contre-partie de ce bonheur et le prix qu'il est payé.

L'homme étant un animal intelligent, on ne peut pas séparer l'intelligence de la matière dans l'étude de son être. Dans le partage de leur influence sur son sort, la première joue un rôle plus grand que la seconde.

Plus un peuple s'éloigne de la barbarie et s'avance dans la civilisation, plus la question du bonheur se subordonne aux satisfactions intellectuelles, de préférence à celles matérielles.

L'homme vivant en société, l'état social actuel, par suite des modifications qu'il a subies, le rend-il plus heureux au point de vue moral et intellectuel?

C'est plus que douteux! et la comparaison entre le passé et le présent, toute à l'avantage du dernier, quand on s'attache au côté matériel de l'existence, devient favorable au premier quand on envisage l'autre.

La première conséquence du progrès est l'affaiblissement des idées de famille.

Personne ne niera que la vie d'intérieur actuelle ne ressemble pas à celle menée par l'avant-dernière génération. Tout s'est réuni, dans l'ordre matériel comme dans l'ordre politique, pour qu'il en soit ainsi.

Prenez, comme exemple, une famille de paysans dans le premier quart de siècle, habitant un département quelconque. Groupés près de leurs père et mère, ses membres ne voyaient que par eux et considéraient leur sort comme attaché à celui de leur chef. Leur travail profitait à la communauté et les familles nombreuses passaient pour être bénies par Dieu. Les tentations pour les faire s'éloigner du toit paternel étaient rares et l'exécution en était difficile, parfois même impossible par suite de l'isolement où se trouvait le pays habité et le manque de routes. L'on vivait et l'on mourait au milieu des siens avec les chances de réussite et d'insuccès qu incombent ici-bas à tout être humain, par suite du hasard et de la mise en œuvre des bonnes ou des mauvaises passions.

Aujourd'hui, qu'advient-il de cette famille ? Les lois ont commencé par modifier son existence. L'application de celle concernant les successions a rendu très difficile le maintien des enfants auprès du père, son héritage étant bien rarement assez important pour permettre à chacun d'eux de pouvoir vivre avec la part lui revenant.

De là une première cause de départ et de séparation dans l'essaim fraternel.

Puis est venue l'instruction primaire obligatoire forçant les parents à envoyer leurs enfants à l'école jusqu'à l'âge de douze ans, c'est-à-dire les privant, au nom de l'État, de l'autorité qu'ils avaient sur eux et des ressources que déjà ils tiraient de leurs travaux. Enfin l'obligation de servir pendant cinq ou trois ans, en prenant le chiffre le moins élevé, pour faire un soldat, est venu en compléter les raisons de destruction. Combien est-il de jeunes gens qui, après leur présence au régiment, ne reprennent pas le chemin de leur village? Le nombre se compte par milliers chaque année.

Ajoutez à ces raisons d'ordre politique les facilités fournies par les modes de communication de toutes sortes servant aux plaisirs aussi bien qu'aux affaires, les journaux et livres apportant des amorces quotidiennes aux appétits et aux désirs honnêtes et malhonnêtes, les aspirations au bien-être et même au luxe développées par la vue de tout ce qu'ils ont eu sous les yeux dans leurs déplacements divers, et il est facile de comprendre que l'enfant arrivé à l'âge d'homme voie se détacher en lui l'affection pour ses parents, et se développer le désir d'aller chercher fortune loin du foyer paternel.

La statistique est là pour démontrer l'accroissement non interrompu du nombre des ouvriers venant demander aux villes des moyens d'existence et de distraction, ces derniers surtout leur manquant au village[1]. Il est en France nombre de pays où la disette des bras est telle qu'à l'époque des grands travaux de culture on est obligé de s'adresser pour les exécuter aux étrangers.

Les mêmes effets amenés par les mêmes

1. Il n'y a pas de comparaison à faire entre les Français allant à la recherche d'une condition meilleure dans les grandes villes et les Anglais, par exemple, émigrant au loin, avec l'intention de s'y établir sans esprit de retour dans la mère patrie.

causes se font sentir dans la petite bourgeoisie. Les aspirations, pour être d'un ordre plus élevé, y apportent également le trouble et la désagrégation. Bien rarement on voit les enfants continuer l'état de leurs parents, ou en prendre d'autres du même genre.

Chacun veut s'élever au-dessus du niveau où il est né, et se croit, grâce au développement de l'instruction, appelé à occuper des postes où il trouvera à la fois honneur et profit. Or le nombre de ces postes, où l'on trouve l'honneur et pas de profit, est forcément limité, et une fois remplis, il ne reste, pour ceux qui y aspiraient, d'autres chances que celles formées par la mort ou la retraite des titulaires. Le nombre des élus est donc forcément bien minime par rapport à celui des appelés. Or ces appelés se trouvent dans cette impasse : être dans l'impossibilité de trouver à gagner l'existence à laquelle ils ont droit, et ne pouvoir, retournant en arrière, retrouver au foyer paternel la place qu'ils y ont perdue ; aussi n'y retournent-ils pas. Ils vont augmenter cette armée déjà nombreuse, après quelques années à peine de recrutement, de déclassés et de malheureux, de réellement malheureux, qui n'ont pour vivre qu'une place d'employé dont les appointements ne représentent pas le salaire d'un ouvrier ordinaire.

Dans les classes, comprenant les privilégiés de la fortune qui forment ce que l'on est convenu d'appeler les classes dirigeantes, les mêmes effets se produisent, mais amenés par des causes différentes.

Leurs chefs n'ont pas, comme ceux dont il vient d'être parlé, les mêmes raisons de pousser leurs enfants dans des carrières libérales ou autres : bien au contraire, ils semblent n'en pas connaître d'assez convenables pour mériter leur choix. Ils se contentent de leur fournir toute l'instruction possible, faisant bon marché de l'éducation de famille qui devient de plus en plus incompatible avec le genre de vie qui est menée à cette époque de mouvements perpétuels, de déplacements, de nécessités de luxe, dont forcément ils prennent leur part.

Ils les mènent ainsi à l'âge dit de raison façonnés à la mode du jour, possédant une instruction superficielle, mais n'ayant généralement d'autre vocation que celle de jouir de la vie et de continuer l'existence menée par leurs parents. Or, comme les parents continuent à vivre et ne peuvent pas les mettre à même de réaliser leurs désirs, ils composent le groupe chaque jour plus nombreux des désœuvrés et des inutiles. Sur ceux-là également la famille perd ses droits et ne représente plus qu'une espérance d'héritage, presque toujours entamée avant l'époque finale.

Ainsi donc, dans toutes les classes de la société, elle est modifiée et les conséquences présentes sont plutôt défavorables que favorables au bien général quand on les compare à celles d'autrefois.

Celle du travail et la sécurité de la fortune qui en est le fruit sont-elles dans le même cas?

Il faut admettre comme un axiome vrai de tout temps que l'homme « doit travailler, et qu'il a droit à trouver le moyen de gagner sa vie ». Les controverses qui ont eu lieu sur ce sujet, les théories religieuses et philosophiques qui l'ont choisi comme thèse, les milliers d'ouvrages qui l'ont abordé avec plus ou moins de sincérité et d'impartialité, n'ont jamais discuté le droit mais bien la façon de l'appliquer au mieux des intérêts des travailleurs.

Et ici le mot travailleur s'applique à tout être humain mettant son intelligence ou ses bras au service de ses besoins personnels.

Plus que jamais, ce droit et la liberté d'en user, tout travailleur les possède.

Toutefois, ces avantages sont-ils payés plus ou moins cher qu'ils ne valent? Comme précédemment, c'est au lecteur à en juger.

Le nombre des littérateurs, des artistes, des médecins, des avocats, des professeurs de tout genre, des employés de banque et de commerce, a augmenté dans des proportions inouïes. Aucun obstacle ne se met en travers de leur route; provenant des lois ou des mœurs. L'immense majorité possède les qualités voulues pour tenir sa place dans le milieu qu'ils ont choisi : leur instruction est, en moyenne, très supérieure à celle de leurs prédécesseurs, et cependant combien en est-il, non seulement qui ne peuvent arriver, non pas à la fortune, mais à trouver le moyen de gagner leur vie! Les exemples abondent démontrant que c'est par nombre de milliers que se comptent ces derniers.

Pour cent d'appelés, combien peu d'élus!

Dernièrement un journal citait le fait suivant :

« Pour 120 places de facteurs à donner par l'administration des Postes, il s'était présenté 1 100 postulants dont 200 appartenant aux professions libérales. » C'est par 10 et 12 000 que se chiffrent les demandes d'emploi auprès de chacune des grandes administrations, Banque de France, Télégraphes, Téléphones, Chemins de fer, Gaz, etc., et ces appointements varient de 1 000 à 1 200 francs.

Pour ceux-là les progrès ne se font pas sentir, car ils ne gagnent pas les salaires nécessaires pour en profiter.

Les ouvriers des villes et de la campagne sont-ils plus favorisés?

Certes la vie matérielle pour la majorité s'est améliorée.

Les salaires ont suivi pour tous une marche ascendante[1] : mais, le prix de toutes choses ayant augmenté, l'équilibre qui existait dans le passé ne s'est pas beaucoup modifié au profit des travailleurs.

Ils gagnent plus, mais ils peinent davantage, et, ce qui est plus grave, la sécurité dans l'avenir touchant l'assurance du travail devient de plus en plus aléatoire. Les bouleversements incessants apportés dans l'outillage industriel et agricole, la concurrence de l'étranger que les idées économistes modernes sont impuissantes à supprimer, ne permettent pas de compter sur un lendemain dont la venue est subordon-

1. Le prix du pain et celui des vêtements sont presque seuls à avoir diminué.

née à la découverte d'un outil ou d'un produit nouveau.

Pour ne citer que deux exemples : quelle possibilité de durée peuvent avoir, dans l'intérieur des villes, les grandes industries ayant à lutter contre celles similaires établies dans des régions où la main-d'œuvre et le prix des matières premières permettent de fournir les produits manufacturés à moins de moitié prix ? Comment une région agricole pourra-t-elle continuer une culture dont les rendements seront minés par les importations arrivant des pays étrangers, ou même de provinces nationales où le climat leur sera plus favorable ?

Et ces faits se présentent chaque jour amenant dans l'ordre économique des changements dont les ouvriers sont les premières victimes et les plus intéressantes, en raison de l'absence de toutes ressources pour vivre, en dehors du travail de leurs mains.

Une autre cause de trouble provient de la surabondance des travaux qui dans ces temps derniers a eu lieu sur toute la surface du pays, et principalement dans les grandes villes.

Cet état de transformation générale, s'il ne touche pas à sa fin, tend tout au moins à s'apaiser. Pour ne citer que l'exemple de Paris, lorsque l'Exposition sera close, que deviendront les nombreux ouvriers appelés à concourir à cette grande œuvre? Comment retrouveront-ils le chemin de leur chaumière ou de leurs ateliers de province?

On aurait tort de croire que, dans ce désarroi apporté dans l'organisation du travail, les ouvriers seuls soient frappés par la loi inexorable de la concurrence. Le capital, qui est loin de mériter aujourd'hui le nom d'infâme, dont il était d'usage courant de le flétrir jadis, en subit également les conséquences.

Les entreprises industrielles sont exposées à des dangers inconnus autrefois. L'obligation où elles sont d'être toujours à l'état de défense et de lutte pour ne pas être débordées par leurs rivaux rend de plus en plus aléatoires les gains que leur assuraient jadis une bonne gestion et l'entente des affaires.

Le nombre des établissements, particuliers ou constitués en sociétés, qui depuis quelques années sont au-dessous de leurs affaires, est considérable. Il suffit de lire la cote officielle de la Bourse pour s'apercevoir que les Compagnies payant des dividendes à leurs actionnaires forment exception.

Les personnages politiques, intéressés à attaquer ces soi-disant exploiteurs des pauvres et qui *se gardent bien du reste de leur confier leur argent,* le savent mieux que personne.

Ils auront beau les menacer de la vengeance populaire, le jour où l'argent manquera dans les caisses, il faudra bien fermer la boutique et renvoyer dos à dos les actionnaires ruinés et les ouvriers sans travail.

Pour les rentiers jouissant de revenus, la sécurité n'est pas plus absolue.

Les dernières catastrophes survenues sur le marché parisien ne le prouvent malheureusement que trop.

Qui aurait cru que le Comptoir d'Escompte,

pour ne citer que cet exemple, considéré comme un établissement pour ainsi dire gouvernemental, et, en tous cas, comme le plus solidement constitué, eût disparu en quelques jours? Certes, ses actionnaires ne pouvaient pas être accusés d'être des spéculateurs, et leurs titres devaient leur sembler être de tout repos.

Ils se sont trouvés, un beau jour, entièrement ruinés. Combien de misères a dû amener un pareil malheur!

Les Bourses sont devenues cosmopolites; de là une diminution d'importance et d'influence pour celle de Paris. Déjà loin est le temps où la France était le point de départ de toutes les entreprises nouvelles : c'était à Paris que venaient se traiter les affaires de l'Europe entière.

C'est avec l'argent français que se firent alors les emprunts et les émissions étrangères qui enrichirent le pays et lui permirent de surmonter l'épreuve redoutable qu'il a eu à subir après la guerre de 1870.

Aujourd'hui, il n'en est pas de même; l'influence dirigeante ne se trouve plus à Paris. La série des vaches maigres est arrivée et, au lieu des bénéfices à retirer de ses rapports avec l'étranger, il faut s'attendre à subir le contre-coup de la prospérité passée.

Les rentiers d'État ont été jusqu'ici à l'abri de toute épreuve en ce qui concerne les rentes françaises. En attendant que l'impôt vienne les frapper, ce qui doit advenir avec les besoins toujours croissants des budgets, ils verront leurs placements à l'étranger subir, en dépit des engagements pris à l'origine des emprunts, une dépréciation non interrompue.

Cela commencera par une diminution d'intérêts et finira par la faillite; et il ne peut en être autrement si l'état politique de l'Europe ne se modifie pas.

Quant aux valeurs industrielles, telles que Chemins de fer, Eaux, Canaux, etc., elles ont contre elles, d'un côté l'augmentation forcée des frais de toute nature, et de l'autre, l'impossibilité de voir leurs revenus augmenter, en raison de l'intérêt que tous les gouvernements ont de voir baisser les tarifs pour le grand contentement des masses dont ils ont besoin d'avoir les suffrages.

On pourrait écrire des pages sans fin sur le sujet qui vient d'être exposé, mais les quelques exemples qui ont été cités, suffisent pour démontrer qu'à l'époque présente la sécurité manque entièrement pour l'assurance de la vie à toutes les classes de la société!

Tel riche aujourd'hui peut se réveiller demain absolument ruiné!

Tel travailleur croyant avoir son pain assuré doit savoir qu'il peut lui manquer, sans possibilité de recours qu'à la charité publique

Il y a quelque quarante ans, dans un vaudeville, un des acteurs, jouant le rôle d'un malin, annonçait que la Bourse avait été influencée par la baisse des Petites-Voitures de Java... Ce malin, croyant dire une grosse plaisanterie, ne faisait que prédire l'avenir.

Autrefois, il n'en était pas de même.

La richesse était certainement moins grande

et moins généralisée. Les fortunes particulières étaient plus rares, et ne se faisaient pas aussi rapidement; mais la tranquillité était mieux garantie; sauf en temps de disettes, dues à l'absence de communications, on ne mourait pas plus de faim qu'aujourd'hui. On possédait moins, on gagnait moins par son travail, mais on était plus assuré du lendemain, et on ne voyait pas se produire des catastrophes et des ruines comme celles qui ont lieu journellement, et qui ne cesseront pas tant que leurs causes subsisteront.

Le pire résultat du développement spontané de la fortune est le luxe qui a envahi toutes les classes de la société sans aucune exception.

Et il se produit au moment où l'intérêt honnête et sincère de l'argent diminue, en même temps que le prix des choses nécessaires à la vie augmente.

Pour satisfaire au besoin de paraître, pour se donner le plaisir de dépasser ses semblables dans les manifestations de la vie extérieure, on n'hésite pas à subordonner le nécessaire au superflu.

Le pauvre, comme le riche, met son amour-propre à vêtir ses enfants de façon à attirer les regards, faisant ainsi bon marché de la commodité de ces petits êtres auxquels il donne des habitudes de vanité qui sont loin d'être une chance de bonheur dans l'avenir.

L'habillement d'un enfant coûte aujourd'hui plus cher que celui d'une grande personne il y a trente ans.

Le luxe de la table, celui indépendant de la cuisine elle-même, est ridicule.

On ne peut pas donner un dîner même ordinaire, sans couvrir la table de fleurs.

Aux enterrements, la vanité, de tous les défauts celui qui devrait le moins s'y produire, a pris place.

On en cite pour lesquels on a dépensé près de 20 000 francs de fleurs !

Ce n'est certainement pas par l'affection pour le mort qu'on peut expliquer une pareille folie de la part de ceux qui ne peuvent pa avoir la prétention de prouver leurs regrets par le total des notes des marchands fleuristes.

Quant à la toilette des femmes, elle dépasse tout ce que l'on a vu jusqu'ici ; et l'on ne saurait trop insister sur cette vérité : elle étale son exagération chez toutes, depuis la duchesse plusieurs fois millionnaire, jusqu'à la compagne du plus humble prolétaire.

Dans le budget d'un ménage d'autrefois, le chapitre toilette comprenait moins du dixième du chiffre total. Quel est celui qui l'a remplacé ? Demandez-le aux maris et aux amants, qui sont obligés de les payer? aux fournisseurs de toutes sortes dont l'élévation des prix de leurs factures n'est que la conséquence du nombre toujours croissant de leurs créances impayées. Et cependant, comme tout crédit a une limite, le moment arrive où il faut que les comptes se liquident. C'est alors que pour se procurer cet argent, que les revenus et le travail sont insuffisants à fournir, l'on arrive à le demander aux moyens tels que le jeu, les hasards de la spéculation et le reste.

Le Crédit foncier, cet établissement créé à l'origine dans un but essentiellement utile, ne peut prêter qu'à ceux qui peuvent donner un gage, et retarder le moment où l'accumulation des intérêts non payés les dépossédera de leurs propriétés. Quant à la masse, c'est au jeu de Bourse, aux placements à lots où le revenu légitime est compté pour rien, au jeu de courses, de cartes, de bonneteau, à tout ce qui dépend du hasard, qu'elle s'adresse pour obtenir de la fortune ce qu'elle réserve aux intermédiaires qui sont les seuls à vivre de la folie générale.

Tel est le triste tableau des mœurs présentes et pour le compléter il est impossible de passer sous silence le rôle que joue l'argent dans les choses de l'amour. Les tentations auxquelles les femmes sont soumises, les besoins que leur impose le luxe, les facilités et la sécurité qui existent pour mal faire, l'organisation actuelle de la société, ont amené dans les mœurs de tous les mondes un relâchement qui n'a jamais eu de précédent.

Et ce qui peut passer pour un comble, ce fait de se prostituer, pour dire le mot, n'est plus un motif d'exclusion, à peine un motif de blâme à l'égard de celles qui en vivent. On les reçoit et leurs noms se trouvent dans les feuilles de sport à côté de ceux des plus vertueuses. Quant aux hommes qui vivent des femmes, avec un degré de non-considération en moins, ils sont acceptés, sinon dans le monde, du moins comme faisant partie du corps social. Ils ont un nom qui se lit dans les journaux, dans les romans. Ils forment nombre dans la société qui vote [1].

L'esquisse de l'état social présent qui vient d'être fait est-elle l'expression de la vérité ?

Si oui, n'y a-t-il pas, pour l'observateur, pour le philosophe, matière à décider si les Français d'aujourd'hui sont plus heureux que ceux de l'avant-dernière génération ? Et dans les

1. Au XVIIIe siècle, un homme n'était pas déshonoré pour être entretenu par une femme. Mais cette anomalie ne se rencontrait que dans les classes élevées de la société, et ne se constatait pas dans celles qui composaient l'immense majorité de la nation.

éléments du problème soumis à leur appréciation, tout fait touchant à la politique a été laissé de côté, la présente étude ne visant que les faits matériels.

Le bien comme le mal réalisé a été amené par les seules causes des découvertes et inventions modernes. Pour les uns, le bien l'emporte sur le mal. Pour les autres, c'est le contraire. Toutes les dissertations que l'on pourra faire à ce sujet ne changeront rien à l'état des choses. Elles sont ce qu'elles sont. L'intéressant est d'apprécier ce qu'elles produiront dans l'avenir.

L'avenir en raison des progrès modernes

Ici, on entre dans l'inconnu; et les aperçus qui vont suivre laissent toute liberté à la critique.

Si à la fin du IIe siècle on avait voulu prédire les changements que subirait, et à courte échéance, l'Empire Romain, aucune prophétie ne se serait rapprochée de la vérité. La transformation accomplie a été telle, sa durée a été si faible, que la prédiction qui en aurait annoncé la dixième partie aurait été considérée comme pure folie.

Et cependant, le cataclysme si imprévu a eu lieu, et quelques années ont suffi pour faire passer à l'état de ruines et de barbarie toute une partie du monde parvenue à un degré de civilisation et d'organisation qui, après 1500 ans, était à peu près retrouvé. A l'heure présente, ce n'est plus une partie de l'Europe, de l'Asie et de l'Afrique composant l'ancien Empire Romain qui est à la veille d'une transformation, c'est le monde entier, c'est cette terre habitée par des peuples de tout sang, de toutes races, de toutes langues, de toutes religions, de toutes formes de gouvernements, qui est entraînée vers l'inconnu par une force bien autrement formidable que l'élément barbare représenté par quelques centaines de milliers d'hommes, inférieurs comme organisation et moyens matériels à leurs adversaires, mais ayant pour eux la force physique, la pauvreté, et le mépris de la mort, qualités qui assurent toujours à ceux qui les possèdent la victoire sur un ennemi qui les a perdues par suite d'excès de richesses, de bien-être et d'abandon des croyances qui permettent de ne pas la redouter.

Il est peu probable, sans être toutefois une certitude, que le monde soit exposé à un pareil danger !

Les deux seuls dépôts d'hommes à même de jouer le rôle des anciens barbares sont les centres d'Asie et d'Afrique où se trouvent des populations peu connues comme importance, mais incontestablement nombreuses, et possédant les qualités voulues pour leur succéder[1].

Ce rôle leur a été prêté par certains écrivains qui, en établissant leurs pronostics, ont

1. Il ne faut pas considérer comme utopique la réalisation d'une pareille éventualité. L'invasion de l'Europe par les Asiatiques est chose possible, et avec les moyens de destruction à la portée de tous aujourd'hui, les chances de réussite pourraient se trouver du côté des envahisseurs.

oublié que leur contact avec les autres peuples allait s'agrandissant chaque jour et leur faisait perdre, par voie d'assimilation, la force dévolue au nombre et à la barbarie.

Non, le changement que verra se produire le xxe siècle et ceux qui le suivront, ne provoquera pas des tueries d'hommes sur les champs de bataille, des destructions complètes de villes et de populations, l'anéantissement de ce que de nombreuses générations auront accompli dans la voie de la civilisation. Il sera moins brutal et plus modéré dans la forme pour amener un résultat tout aussi grand en réalité.

Ce n'est pas à dire que cette transformation ne coûtera ni regrets, ni misères, ni déchirements violents; ce serait contraire aux lois de la nature, et si la science arrive par ses progrès à en assurer le fonctionnement, elle ne peut rien pour le modifier. La venue au monde d'un enfant n'entraîne pas forcément l'emploi des fers, mais elle est toujours douloureuse pour la mère.

Il est permis d'espérer que l'organisation humaine à venir pourra s'opérer avec le moins de souffrances possible.

Si l'on ne peut pas dire avec certitude ou même apparence de certitude ce que sera le monde dans cent ans (il faut bien fixer une date pas trop éloignée, un siècle ne comptant pas pour beaucoup dans la vie de l'humanité [1]), voici les modifications que l'on peut assurer comme devant se produire :

1° Modification des races;

2° Modification des langues;

3° Modification des cultures;

4° Modification des industries;

5° Modification du commerce;

6° Modification des finances;

7° Modification des mœurs et des religions.

De la politique, qui aura aussi son rôle à jouer, il ne doit pas être parlé, l'appréciation à en faire ne pouvant qu'influencer l'esprit du

1. Il suffit pour se rendre compte de la brièveté de la vie humaine de savoir que depuis la naissance de Jésus-Christ l ne s'est pas écoulé un milliard de minutes.

lecteur. Du reste, ce sera peut-être le meilleur des résultats à espérer. Dans l'avenir prévu l'intervention de la politique pure, qui a été la cause de tant de maux, doit diminuer en raison directe du développement de l'état social nouveau !

1. Quelle est la définition du mot RACE ?

D'après Littré, « le mot RACE s'applique à tous ceux qui viennent d'une même famille ».

Sur ce fait seul, la race, quelle que soit son essence, qu'elle soit humaine ou animale, est sujette aux modifications, aux transformations et par suite à la dispersion. La science physiologique démontre que nombre de races humaines ont disparu complètement, et que celles existant aujourd'hui ne proviennent que de croisements successifs.

De nos jours il en est, tels que les Peaux-Rouges dans l'Amérique du Nord et les aborigènes des îles de l'Océanie, que le contact avec l'élément européen condamne à périr d'une façon absolue.

Avec la multiplicité des relations entre les

divers peuples et les émigrations par masses dont le chiffre déjà important ne fera que s'accentuer dans l'avenir, il se produira des croisements dont les effets seront d'autant plus rapides que les climats où ils s'effectueront leur viendront en aide.

Il faut admettre que les blancs européens et asiatiques qui s'établiront en Afrique, par exemple, et se trouveront mêlés avec les noirs qui la peuplent, créeront une race de métis particulière appropriée au sol qu'elle devra peupler.

Il en sera ainsi pour l'Océanie, où l'Européen se croisera avec les populations aborigènes qui auraient résisté à la destruction. L'Europe elle-même aura son tour, et c'est de l'Asie que viendra son envahissement.

La race jaune, qui comprend près de la moitié du genre humain, est essentiellement prolifique et impose son cachet, plus encore que la blanche, dans les mélanges entre sangs de couleurs diverses.

En dépit de l'obstruction que cherchent à

mettre à l'invasion chinoise les Anglais et les Américains, il faut s'habituer à l'idée que la Chine est le grand déversoir d'hommes dans l'avenir et que le monde entier, l'Europe, comme les autres contrées du globe, se verra envahi par ces hommes sobres, économes, travailleurs, possédant ainsi les qualités qui assurent et assureront toujours le succès.

L'adoption de la croyance dans l'arrivée d'un fait pareil n'est pas chose facile à établir : qu'il demande à se produire beaucoup plus de temps que pour l'Afrique et l'Océanie, ce n'est pas douteux. Cela dépendra absolument du plus ou moins de rapidité que mettront à se développer les relations et les fusions entre les divers peuples. Or, quand on voit la colonie étrangère de Paris, trente ans à peine écoulés depuis le développement des moyens de communication, monter à 300 000 âmes, est-ce une utopie d'admettre que l'élément asiatique occupera un jour en Europe la place proportionnée à son importance[1] ?

1. En 1851, le dénombrement de la population en France

D'ici à quelques années le chemin de fer de Sibérie réunira la Chine occidentale à la Russie et l'Inde sera reliée avec l'Europe. Tout porte à admettre que les routes établies par les Russes dans les plaines de la Tartarie seront prolongées jusqu'aux confins de la Chine et du Thibet. Par toutes ces voies réunissant les deux continents, l'invasion pacifique du plus riche et du moins peuplé des deux aura lieu par les populations pauvres et innombrables de l'autre. Les sangs divers se mêleront, et il naîtra une race nouvelle qui aura sa durée sur terre, comme celles qui l'ont précédée.

Ce fait s'accomplira-t-il dans un délai de cent ans, de deux cents ans, ou plus? Là est l'inconnu! La rapidité qu'il mettra à se réaliser sera proportionnée aux moyens d'exécution.

accusait un chiffre de 380 000 étrangers sur 35 millions de Français.

En 1886, ce chiffre s'élève à 1 100 000 : il a quadruplé.

En 1888, l'excédent des naissances sur les décès n'était que de 44 000, dont le quart, 11 000, provenait des enfants nés en France.

De ce double mouvement en sens inverse, qui ne fera que

Mais il s'accomplira forcément et logiquement!

2. La transformation de l'espèce humaine doit être la conséquence de celle de la terre qu'elle est appelée à peupler. De la modification des races humaines découle virtuellement celle du langage. On estime à plus de dix mille le nombre des langues et des dialectes employés sur la terre. L'origine du langage humain reste inconnue. Que l'on admette l'humanité descendant d'un seul homme, ou de l'apparition sur la terre de groupes divers, les mots employés pour exprimer la pensée doivent avoir une origine commune. La dispersion des hommes par groupes sur les divers continents, leur isolement les uns des autres, ont créé dans leur parler des différences successives, qui se sont accentuées de plus en plus et ont amené

s'accélérer au lieu de s'arrêter, on peut estimer que dans un tiers de siècle, la population étrangère arrivera à 4 500 000 habitants produisant une plus-value annuelle d'enfants de 44 000, égale au chiffre de l'excédent actuel des naissances sur les décès. Il est facile de se rendre compte de ce que deviendra la nationalité française *pure*, à la moitié seulement du prochain siècle.

après des siècles des changements tels qu'ils en sont arrivés à ne plus se comprendre.

Le mythe de la tour de Babel constate le fait sans l'expliquer.

Chaque coin de terre habité a eu son langage particulier, et l'absence de relations a dénaturé les idiomes au point de donner naissance à des dialectes incompréhensibles pour des individus composant une même nation et séparés entre eux par quelques lieues à peine.

En France, il n'y a pas cinquante ans, chaque province avait pour ainsi dire sa langue particulière. Cette langue elle-même était défigurée par nombre de patois locaux.

Le monde entier étant dans les mêmes conditions, on s'explique le chiffre fabuleux des divers idiomes employés.

La raison de cette multiplicité ne pouvant s'expliquer que par les causes d'isolement et de séparation citées plus haut, il faut admettre que, logiquement, leur cessation amènera un effet contraire. Il s'est déjà produit depuis la création des routes et des moyens de communications intellectuelles. En prenant toujours la France comme exemple, l'usage de la langue nationale s'y est développé dans une proportion considérable. Elle est comprise, sinon exceptionnellement parlée, dans les départements où elle était absolument inconnue auparavant.

Quant aux patois, la génération nouvelle ne s'en sert plus : quelques années d'exploitation de chemins de fer, d'usage de la poste et du télégraphe, de développement de l'instruction, ont suffi pour amener la suppression d'un état de choses consacré par de nombreux siècles.

Ces progrès, constatés partout, ne se sont pas localisés dans chaque pays. Ils se sont généralisés et répandus de l'un à l'autre. Les voyages et les relations commerciales ont amené entre les peuples des nécessités de se comprendre qui non seulement ont développé dans les classes instruites la connaissance des langues étrangères, mais encore ont introduit dans chacune d'elles des mots et des expressions qui y ont pris place. Le langage industriel et scientifique s'est généralisé.

Le nombre des mots nouveaux dans chaque pays et compris par tous est considérable.

Ceux que le français a naturalisés, mots appliqués à l'industrie, au sport, aux vêtements, aux choses à la mode, se comptent par centaines. On pourrait, en s'y appliquant, écrire des pages entières sur un sujet déterminé, en termes nouveaux, tous étrangers au français de l'Académie. Et ce mouvement n'en est qu'à son commencement, ce n'est pas même une génération entière qui y a pris part. Quel développement prendra-t-il avec le temps?

N'est-ce pas un fait inouï que de voir les langues occidentales, l'anglais, le français, l'allemand, être connues et parfaitement parlées par des Indous, des Chinois, des Japonais? Qui eût pu croire à un pareil miracle il y a seulement trente ans?

On a accueilli avec des rires la soi-disant

invention du « Volapük »; on la considère comme utopique. C'est une utopie qui, comme tant d'autres, peut devenir une réalité! En tous cas, si sa forme est modifiable, le fond n'en est pas moins logique [1].

Les raisons qui ont présidé à la formation des divers idiomes, motivent celles d'une langue conventionnelle qui permettra aux classes instruites des divers peuples, tout au moins, de se comprendre, sans passer par l'interprétation employée aujourd'hui.

3. Au temps passé, mais encore proche, chaque pays possédait son mode de culture, et

1. L'importance du Congrès qui a réuni à l'Exposition les représentants de la science du Volapük, prouve que la réalisation de cette soi-disant utopie pourrait ne pas être si éloignée que l'on semble le croire.

Il existe présentement, par suite de l'emploi de signaux, un dictionnaire universel pour les communications des navires en mer. L'adoption d'une langue unique permettant d'exprimer la pluralité des besoins généraux dépendrait demain de l'entente de tous les gouvernements ordonnant sa mise au programme de l'instruction publique.

Paul Bert, s'inspirant de la nécessité de se mettre en rapport direct avec les habitants d'un pays appelé à devenir français, avait décrété la création, à Hanoï, d'une Académie vivait pour ainsi dire sur lui-même. Il ne demandait à l'extérieur que les denrées qui lui étaient nécessaires et que la nature refusait de lui fournir.

En souvenir des temps de guerre passés où le blocus pouvait en empêcher l'introduction, on s'ingéniait à obtenir la plus grande quantité de productions diverses de la culture du sol.

Il était bien peu de contrées qui fussent sous ce rapport mieux partagées que la France. Elle trouvait chez elle toutes les choses né-

destinée à introduire dans les écoles existantes en Annam et au Tonkin (elles sont au nombre de vingt mille) l'alphabet latin déjà appliqué avec certaines modifications par les missionnaires sous le nom de *quoc-gnu*.

En une année plus de cent cinquante écoles avaient mis son étude sur leurs programmes. Elles se faisaient reconnaître en arborant le drapeau tricolore sur leur toit. Tout permettait de croire à une réussite dont les résultats eussent été inappréciables pour le développement de l'influence française.

Après la mort de P. Bert, pour diverses raisons dont aucune bonne, cette innovation fut abandonnée, mais le germe est demeuré en terre, et incontestablement, un jour ou l'autre, il donnera ses fruits. Les travaux relatifs à l'enseiseignement du quoc-gnu étaient représentés à l'Exposition cessaires à la vie et avait la possession exclusive de certains produits dont l'exportation était pour elle une sorte de revenus importants dépassant de beaucoup les sommes exigées par l'importation des denrées exotiques qui lui étaient nécessaires.

Quand apparut l'invention de la vapeur, ou plutôt son application industrielle, la France se trouva appelée à prendre le premier rang parmi les nations se croyant destinées à en retirer des avantages matériels considérables.

Les découvertes industrielles, conséquence immédiate de l'emploi de nouveaux moteurs et des inventions s'y rattachant, la firent entrer dans une période de productions et de prospérité inouïes. Elle crut très sincèrement que cette ère de liesse et de félicité n'aurait pas de fin. En cela, elle se trompa, en compagnie du reste de l'immense majorité des écomistes de tous pays qui n'avaient pas prévu que cette période heureuse n'aurait qu'un temps, et que les avantages qu'elle en retirait deviendraient la propriété des contrées inconnues que les découvertes nouvelles allaient mettre à même de lui faire concurrence. Quelques années à peine s'étaient écoulées et de l'Amérique du Nord, de l'Australie, de la Chine, arrivaient en céréales, en laines, en soies, des importations qui frappaient cruellement les producteurs de ces produits.

Successivement entraient dans la liste économique l'Italie et l'Espagne pour leurs vins, l'Inde et la Plata pour les blés, le centre de l'Europe pour le bétail, le Nord pour les bois, etc.

Et cet état de choses, œuvre de moins d'un quart de siècle, n'est qu'un commencement et rien ne peut le modifier dans un sens réactionnaire.

La France est un vieux pays, son sol cultivable est restreint, et bien que fertile, il est fatigué par des siècles de production. Il est frappé d'impôts et de charges résultant de sa situation politique; son morcellement, qu'accentue chaque jour la loi de l'héritage, s'oppose à l'emploi de la grande culture.

Comment pourrait-elle lutter avec des pays nouveaux, d'une étendue immense, d'une richesse de sol inépuisable, habités par des peuples jeunes, sans passé, n'ayant aucune des charges dont elle est accablée, avec l'avenir devant eux[1]?

4. Les causes qui ont amené l'état actuel de l'agriculture ont produit en industrie des effets similaires.

L'apogée de la première a coïncidé avec un développement industriel qui a mis un instant

1. M. P. Bourde, dans un article paru dans le *Temps* le 4 septembre 1889, énonce les vérités suivantes : « L'agriculture tendra de plus en plus à se spécialiser. Ce sera le résultat de la facilité des communications entre les diverses parties du globe.

« L'idéal de l'ancien paysan français qui vivait très isolé dans son village était de récolter tout ce qui était nécessaire à sa maison. Il en arrivait à se passer entièrement des autres, mangeant son blé, buvant son vin ou son cidre, tissant sa laine et son chanvre. Il n'achetait rien, mais il ne vendait rien non plus et la diversité de ses cultures, en le tenant toute l'année couché sur la terre, lui faisait une existence extrêmement pénible pour de très maigres profits.

« Les agriculteurs à qui il est possible de se consacrer à un seul produit sont bien moins accablés de travaux. M. Daireaux raconte dans son ouvrage sur *la Vie et les mœurs à* la France au premier rang parmi les nations, de 1850 à 1880. Les expositions de 1855, 1867 et 1878 l'ont victorieusement démontré : elle a tenu la tête dans cette lutte d'inventions et de procédés nouveaux qui ont amené le travail humain à un degré tel, que l'on peut presque admettre qu'il restera pendant longtemps stationnaire.

Les usines, les fabriques, se sont multipliées donnant aux capitaux et aux ouvriers des rémunérations inattendues.

Les vieux procédés ont fait place aux nouveaux venus, dont on espérait conserver le monopole.

la Plata comment il suffit au laboureur argentin de deux mois de fatigue pour ensemencer et récolter son blé. Après quoi le reste de l'année est pour lui un long loisir. Il paraît probable que chaque région du globe tendra ainsi à porter son effort sur la culture qui lui convient le mieux et à demander aux autres par voie d'échange les denrées à la production desquelles elle est moins propre. »

Prenant à l'appui de cette thèse le Brésil où la production de café a décuplé en cinquante ans (de 1832 à 1887 elle est montée à 400 millions de kilos) ; il estimait qu'en raison des aptitudes de son sol, il serait le coin du globe appelé à fournir presque exclusivement cette denrée alimentaire.

Cet espoir a été bien vite déçu.

La concurrence a surgi, non pas des pays nouveaux, mais bien des anciens où le bon marché des matières premières s'est trouvé s'allier à celui de la main-d'œuvre du fait de l'ouvrier ou de l'outillage perfectionné.

Sur ce marché du monde entier que la facilité et la diminution de prix des transports a ouvert à tous, la lutte est impossible entre les concurrents, les uns payant les matières ouvrables, le charbon et la main-d'œuvre, le double, le triple, le décuple même des prix dont se contentent les autres. Si, à la rigueur, certaines industries peuvent trouver à produire pour la consommation indigène, toute idée d'exportation doit être abandonnée par elles. On a voulu attribuer aux expositions dont la France a pris l'initiative une grande responsabilité dans la situation industrielle où elle se trouve, par les facilités qu'elles ont fournies aux étrangers de connaître ses procédés de fabrication. C'est une erreur, si elles ont contribué à en avancer la date, c'est d'un temps inappréciable dans la marche des événements devant résulter inévitablement de la force des choses.

5. C'est aux raisons qui viennent d'être énoncées qu'il faut attribuer la déchéance du commerce, maritime tout au moins. Du moment qu'un pays n'exporte pas, il ne peut pas entretenir une grande navigation. Et puis, là encore, la concurrence lui est fatale. Les prix de construction des navires, ceux du charbon, les frais généraux, sont en sa défaveur. Une nouvelle cause d'infériorité pour le commerce français provient du changement amené dans les habitudes commerciales par les institutions modernes. La télégraphie terrestre, et surtout sous-marine, les a entièrement modifiées. Pour tout ce qui touche les grandes marchandises, métaux, céréales, cotons, soies, cafés, indigos, laines, les lois qui régissaient autrefois l'achat et la vente ont cessé d'exister. La spéculation dirige seule le marché.

Les prix d'un produit se récoltant dans plusieurs contrées, séparées les unes des autres par des milliers de lieues, subissent des variations si instantanées, que les intermédiaires entre le producteur et le consommateur sont forcément obligés de spéculer sur les prix des marchandises.

Les grands commerçants d'autrefois, au Havre, à Bordeaux, à Marseille, n'existent plus.

C'est un nouveau métier à apprendre, par suite une raison de trouble et d'arrêt, tout au moins, dans cette branche si importante de la fortune nationale.

6. L'argent étant le nerf de toutes choses et la représentation matérielle de la fortune publique, son rôle a été en rapport avec la prospérité de la France pendant sa période heureuse. Sa puissance financière a été telle que, en dépit du désastre de 1870 et de la rançon formidable qu'elle a eue à payer à cette date fatale, elle a tenu jusqu'en 1881 la première place parmi les marchés européens. C'est à la Bourse de Paris que se sont traitées pendant vingt-cinq ans toutes les

spéculations financières du monde entier. C'était l'argent français que venaient solliciter les gouvernements pour se procurer les ressources nécessaires à la création de leur outillage industriel et commercial. Ce beau temps est passé ! Tels gouvernements ont fait faillite comme de simples particuliers, des catastrophes se sont produites amenant des pertes de centaines de millions et même de milliards ; et peu à peu l'importance du marché de Paris a diminué pendant que celle de ses rivaux s'augmentait de ce qu'il perdait. Le cosmopolitisme financier a envahi la Bourse de Paris. L'élément étranger y domine. Il lui a enlevé sa personnalité et l'a subordonnée aux influences des Bourses étrangères. Là encore les conséquences funestes du changement actuel se sont produites par la force des choses.

7. La modification des mœurs, des lois de société, des idées religieuses, ne mérite pas moins l'attention que celles dont il vient d'être parlé.

Prises dans leur ensemble, les mœurs populaires (c'est toujours de la France qu'il s'agit) se sont sensiblement adoucies, et la politesse s'est généralisée dans les relations. On peut affirmer, tout esprit de chauvinisme à part, que le peuple français est le plus poli et le mieux élevé de tous. Il suffit, pour s'en convaincre, d'assister à une de ses grandes fêtes populaires et de voir le calme et la bonne tenue d'une population de plusieurs millions d'êtres comme celle de Paris.

Le défaut abominable de l'ivrognerie a diminué sensiblement; le nombre de ceux qui s'y adonnent est infiniment petit, comparé à celui des pays du Nord.

La propreté du corps et des vêtements, le confortable dans la tenue, même chez les malheureux, constituent une amélioration incontestable. Les formes du langage se sont adoucies. L'emploi des mots grossiers, les querelles et les rixes qui en sont souvent la suite sont devenus plus rares.

Les passions politiques et religieuses, les

haines de classes à classes ont perdu beaucoup de leur acuité.

En dépit des efforts que le Parlement, et surtout la presse, font pour exciter l'opinion, l'immense majorité du pays les laisse les dépenser en pure perte.

Les temps où l'on trouvait des hommes prêts à se faire tuer et se faisant tuer pour une croyance religieuse ou politique semblent être bien passés.

Pour la politique, la succession de tant de régimes depuis soixante ans et la conformité de leur origine, de leur gestion une fois arrivés, de leur chute, expliquent l'indifférence remplaçant les convictions d'antan.

Quant à la religion, tout en conservant sa force spirituelle et morale, elle a vu les formes extérieures perdre de leur importance et l'esprit de tolérance prendre la place de celui d'exclusivisme d'autrefois.

Les causes en sont : 1° que la partie matérielle de la religion, représentée par les fêtes et les cérémonies, qui formaient jadis la plus grande partie des distractions et des fêtes populaires, a beaucoup perdu par la concurrence des distractions laïques; 2° que la coexistence pacifique des diverses religions entre elles, les rapports permanents et sympathiques de leurs chefs et de leurs adhérents, ont amené une détente dont a bénéficié le véritable esprit de fraternité.

En résumé, l'état social pris dans son ensemble s'est amélioré, mais comme toujours il y a une ombre au tableau.

Cette ombre est la diminution de la personnalité française, la perte de son cachet, et le remplacement, par des goûts et un esprit cosmopolites, de ce qui avait mis la France à la tête des nations civilisées.

Cette intrusion des mœurs, des coutumes, des mots, des modes[1], des habitudes sociales,

1. C'est dans l'habillement que les changements se sont fait le plus sentir.

En France, les costumes des anciennes provinces ont presque entièrement disparu.

Chez tous les peuples, la tendance est la même pour l'adoption des modes européennes. Et ce qu'il y a d'inexplicable importés par les étrangers, devait forcément se faire sentir. Son effet s'est produit en raison directe de la force de l'envahissement.

Aussi est-ce depuis les vingt dernières années, où il a pris un accroissement considérable, que son œuvre a fait tant de progrès.

Qu'est devenue la société? Cette réunion de familles appartenant aux hautes classes, désignées par leurs noms, leur situation passée et leurs fortunes. La diminution des revenus territoriaux, coïncidant avec l'exclusion des fonctions gouvernementales que lui imposait la forme de gouvernement, l'ont fait déchoir du rang qu'elle occupait précédemment. Qui l'a remplacée, qui a pris la direction de la mode, de l'élégance, des choses de la vie dont la France avait le monopole? Des étrangers, ou des Français naturalisés de la veille.

Quelles sont les fêtes dont parlent les journaux? Celles données par la colonie étrangère.

dans ce phénomène, c'est, en outre de la laideur des nouveaux vêtements, leur manque d'appropriation aux climats et aux genres de vie de ceux qui les adoptent.

Quels noms cite-t-on comme y ayant pris part[1]? Quels sont les privilégiés qui assistent à la séance de l'Académie, ou aux premières des Français ou de l'Opéra? Des étrangers!

Eux seuls sont assez riches pour acheter ce qui autrefois ne s'achetait pas.

A qui appartiennent les équipages, les chasses, les propriétés de plaisance les plus remarquables? Aux étrangers!

C'est l'argent étranger qui est venu enrichir la France, il rend à ses propriétaires des intérêts d'un nouveau genre.

Le malheur veut que son influence ne s'est

1. Voici ce qu'on lit dans le *Figaro*, rendant compte d'une course de taureaux : « Chambrée superbe : MM. l'ambassadeur d'Espagne, Léon y Castillo, Albareda, ambassadeur d'Espagne à Londres, M. Constans, duchesse de la Torre, marquis de Perales, comte de Nieblo, comte et comtesse Cahen d'Anvers, duchesse de Monte-Agudo, comte et comtesse del Villar, duc de Veragua, marquise de Hoyos, comtesse Hervey de Saint-Denis, marquise de la Puente de Sotomayor, comtesse de Munster, princesse Kotschubey, comtesse de la Cortina, marquise d'Aguila Real, miss Spooner, d'Iranyo, M. Poubelle, préfet de la Seine, et Mme Poubelle, Carolus Duran, Chartran, Guitry, etc.

pas fait sentir seulement sur les classes élevées ; elle a aussi déteint sur l'ensemble.

C'est de l'étranger qu'est venu le goût des courses, et le développement du jeu dont elles ne sont que le prétexte ; c'est à lui que la mode dans l'habillement a dû de se défranciser ; l'art de la cuisine s'est modifié et non pas à son avantage, la vieille cuisine française avec ses plats nationaux et bourgeois a fait place à une sorte de cuisine cosmopolite.

Chaque jour un mets nouveau et une boisson nouvelle entrent dans la consommation.

Cette invasion sans cesse renouvelée de visiteurs de passage qui deviennent sédentaires a créé cette existence de hors de chez soi, de la rue et des boulevards, qui a modifié plus qu'on ne pense la vie de famille et les avantages qu'elle présente.

Le tableau qui vient d'être exposé en prenant la France comme terrain d'observation, par la raison qu'elle est parmi toutes les nations celle la plus en vue et dont l'influence est encore dominante, est applicable au monde entier; à celui, tout au moins, qui s'intitule le monde civilisé.

Les nuances varient, mais l'ensemble des changements apportés par les découvertes modernes se fait sentir chez toutes.

L'époque présente est celle d'une transformation générale à son commencement.

Qu'elle donne lieu à des contentements et à des regrets, c'est la conséquence naturelle de tout changement.

En se plaçant à un point de vue général et mettant de côté tout esprit de partialité et de sympathie personnelle, il faut, si on accepte ce qui vient d'être dit, admettre que l'avenir est à l'unification.

Unification de langage, de races, de mœurs, de religion[1], de besoins, d'intérêts et probablement de formes de gouvernement. Quelle

1. Il n'est pas douteux que, de la détente constatée déjà dans les croyances religieuses et de la connaissance de plus en plus grande des diverses religions, doivent résulter des modifications importantes dans l'ordre religieux.

Par les mêmes raisons qui amèneront la disparition de

période de temps demandera-t-elle pour s'accomplir?

Des siècles peut-être. Toutefois, à en juger par les changements déjà opérés en un temps si court, on peut admettre qu'elle se réglera comme rapidité sur les qualités inhérentes aux progrès naturels qui l'ont motivée.

Des devoirs qui s'imposent aux gouvernements pour prévenir les bouleversements qui doivent résulter de la transition des temps présents à ceux à venir.

L'étude des moyens à employer pour amortir les effets révolutionnaires qu'elle doit né-

certaines races, nombre de religions devront disparaître ne laissant place qu'à celles dignes de ce nom.

Le temps aidant, on doit admettre qu'il n'en survivra qu'une basée sur le *Credo*, comprenant les dix commandements de Dieu!

L'école religieuse et philosophique qui a pris pour base le bouddhisme et dont les adeptes représentent déjà un nombre important, est une preuve que la religion entre, comme tout le reste, dans la voie de la transformation.

cessairement provoquer, s'impose à l'esprit de ceux qui ont à leur charge le gouvernement des hommes.

Ils doivent comprendre que la politique d'autrefois, dont le jeu avait pour objectif la suprématie d'un pays sur ses voisins, pour théâtre une partie infime de l'Europe, et dont le triomphe ou la défaite étaient dus à la seule force brutale, n'est plus de mise aujourd'hui.

En présence de ce travail gigantesque qui s'opère par l'établissement des relations entre tous les peuples, dont la conséquence doit être un changement complet dans les conditions matérielles de l'existence, organisée sur les bases anciennes, n'est-il pas grotesque de voir la vieille Europe ne se préoccuper que de savoir si ce sera l'influence russe ou autrichienne qui l'emportera sur les quelques hectares habités par des populations venues d'hier à la vie et dont la destinée est d'être libres en attendant leur fusion avec la grande nationalité européenne?

L'Italie qui voit chaque jour partir de ses

ports des colonnes d'émigrants pour l'Amérique du Sud ne devrait-elle pas comprendre qu'elle a un bien autre intérêt à retenir chez elle ses enfants et à les intéresser à la culture et à l'exploitation d'un sol béni par Dieu, qu'à se ruiner en armements, inutiles plus que probablement, en vue d'une lutte où la victoire ne leur donnerait qu'une augmentation de territoire, faible compensation pour le prix qu'elle l'aurait payée[1]? Et l'Allemagne, et la France, et l'Autriche, avec leurs millions d'hommes enrégimentés, en attendant ceux à armer en cas de guerre, avec les milliards que coûte leur entretien?

Quelle folie criminelle guide donc les gouvernants ?

Que la guerre éclate demain et que l'on considère tous les cas qu'elle peut avoir comme résultat : victoire de la France ou triomphe de

1. L'émigration européenne vers les pays nouveaux, loin d'être considérée comme un mal doit, au contraire, être encouragée, mais, à la condition qu'elle soit le résultat d'un trop plein de population, d'un manque de moyens d'existence, ou la mise à exécution d'entreprises commerciales!

l'Allemagne, amenant l'écrasement complet du vaincu. En laissant de côté les ruines accumulées avant, pendant et après la guerre, en quoi la situation économique et sociale serait-elle modifiée au profit du vainqueur ? La marche du progrès dans le restant du monde aurait-elle été arrêtée un seul instant ? Bien au contraire, le profit réel serait pour les nations neutres. L'émigration vers les pays neufs s'accentuerait en raison des souffrances populaires et les avantages qu'ils en retireraient avanceraient l'arrivée inévitable de la crise économique dont une politique de paix et d'entente générale peut seule, sinon éviter, du moins modifier les résultats en mettant les questions sociales en tête de son programme.

La conséquence la plus absolue et la plus importante de l'unification du monde est l'application matérielle à chaque contrée de l'axiome social : « A chacun selon ses œuvres et selon ses besoins. » Le jour où les peuples divers fusionnés entre eux se compteront par grandes familles, en attendant celui où, réalisant la prédiction de Saint-Simon, ils n'en formeront plus qu'une seule (ce qui s'est accompli depuis sa mort comme changements dans l'histoire humaine, autorise presque à croire à sa prédiction), chaque contrée de l'univers participera à l'union générale par l'apport de ses produits et du travail de ses habitants.

Le développement des communications amènera un équilibre dans les prix de toutes choses et attribuera à chaque peuple la part qui lui reviendra suivant son climat et ses aptitudes naturelles.

Le travail, approprié au milieu où il aura à s'exercer, sera assuré et rémunéré avec des garanties incompatibles avec la concurrence actuelle. Comme précédemment, la France peut être prise comme exemple.

Douée exceptionnellement par sa position géographique, la température de son climat, l'appropriation particulière de son sol à certains produits alimentaires, l'aptitude de ses habitants à la fabrication des objets de luxe et de goût, elle continuera, tout au moins pour longtemps, à être le coin de terre où de tous les points du monde, on viendra chercher les distractions et les plaisirs. La culture des fruits, des légumes, des fleurs, des vignes, de certains produits de la terre réussissant mieux chez elle que partout ailleurs, remplacera celle des céréales et la grande culture passées en d'autres mains.

L'industrie se transformera et s'appropriera aux genres qu'elle aura intérêt à développer pour l'exportation, limitant la fabrication pour l'intérieur aux objets de nécessité dont l'importance sera toujours considérable.

Les grandes usines, les grandes manufactures ne disparaîtront pas pour cela, mais elles devront cesser d'être réparties sur toute la surface du territoire, et s'établir dans des localités où l'existence sur place d'une partie tout au moins des matériaux indispensables leur permettra de lutter avec avantage contre la concurrence étrangère.

La première conséquence de ce changement

dans les habitudes du travail sera la cessation de toute grande industrie dans les villes où les conditions de la vie élèvent la main-d'œuvre et les frais généraux dans des proportions qui augmentent le prix de revient de façon à rendre impossible la vente dès qu'il y a concurrence.

Ce sera un moment de transition pénible et douloureux pour ceux qui en souffriront. Mais ce fait étant prévu, l'important est de se préparer à en diminuer les rigueurs le plus possible. Paris peut mieux que tout autre centre servir à la démonstration de cette transformation qui s'appliquera aux vieux pays d'Europe

Il y a déjà longtemps que Paris jouit de la réputation méritée d'être la ville par excellence occupant le premier rang pour les jouissances de toutes sortes, la facilité de la vie et la liberté dont y jouissent ses habitants.

Les quarante dernières années ont développé outre mesure, par les raisons que tout le monde connaît, les attractions sans nombre qu'elle possède en elle-même, et l'affluence des milliers d'étrangers accourus de tous les points de l'univers confirme à l'évidence les titres qu'elle a d'être appelée la première ville du monde. On y entend parler toutes les langues, on y mange tous les mets. Mais on n'y voit qu'un seul costume, qu'une seule monnaie, qu'une seule manière de passer le temps, disons le mot : de s'amuser. C'est l'unification qui commence.

A Rome, sous l'empire des Césars, les fêtes populaires réunissaient des centaines de milliers d'assistants ; au Colisée, il y avait place pour quatre-vingt mille spectateurs assis. Les Thermes de Caracalla pouvaient contenir trente mille personnes. A Paris, lors des grandes fêtes, le nombre de ceux qui y prennent part dépasse deux millions. Au bal donné au Palais de l'Industrie et qui a réuni vingt-cinq mille personnes, tous les peuples de l'univers se trouvaient représentés. Aux grandes fêtes de l'Exposition, on a compté jusqu'à quatre cent mille visiteurs [1].

1. Le banquet des maires n'a réuni que treize mille convives. Mais le nombre des invités était de trente-six mille et si tous avaient accepté, il aurait bien fallu les placer !

Et cette agglomération inouïe d'êtres humains n'a donné lieu à aucun désordre! La politesse, l'urbanité se sont exercées à l'égard de toutes les nationalités, aussi bien de celles considérées comme amies que de celles que la politique désignait comme ennemies.

Les étrangers, venus à Paris pour l'Exposition, rentreront chez eux y rapportant tous la même impression et la communiqueront à leurs compatriotes qui voudront connaître à leur tour les merveilles dont il leur aura été parlé. Pour longtemps encore, Paris sera la ville par excellence; elle appartiendra au monde entier. De française, elle deviendra cosmopolite.

Ce courant établi, rien ne pourra l'arrêter dans sa marche. Ni les regrets qu'il provoquera chez ceux qui verront disparaître le Paris qu'ils aimaient, ni les jalousies que suscitera sa prospérité matérielle, ni les troubles qui en résulteront dans l'organisation industrielle et commerciale de la grande ville, n'empêcheront la production d'un fait dont la cause provient de la force même des choses!

Paris, capitale de la France, exclusiviste sous tous les rapports il y a cinquante ans, n'étant que française, faisant vivre les industries les plus diverses et en vivant, n'acceptant de l'étranger que les choses de l'esprit, en leur imposant toutefois un long stage, devenu ce qu'il est aujourd'hui et ce qu'il sera demain, est l'exemple le plus saisissant de la transformation présente et à venir du monde actuel. Cette évolution, qui est à son commencement, n'aura pas les mêmes conséquences pour tous. Favorable aux uns, elle devra être défavorable aux autres, et même si l'on admet que l'organisation universelle dans l'avenir devra être pour l'universalité du genre humain supérieure à celle du passé (ce qui n'est pas difficile à espérer tout au moins), l'époque de transition amènera forcément des troubles et des crises qui feront de nombreuses victimes.

A en juger par l'expérience de ces derniers temps, c'est au profit des pays jeunes et même encore à naître ou des pays pauvres et peuplés, au détriment de ceux anciennement organisés et riches en apparence, que cette transformation s'accomplira.

Rien ne peut l'arrêter dans sa marche. Mais il dépend de ceux qui ont à charge la conduite des choses humaines de l'indiquer et d'en atténuer les effets.

Il n'est pas d'anomalie plus grande que celle que présente l'état politique actuel.

C'est au moment où le développement des inventions modernes amène la fusion des peuples, tend à effacer les haines et les dissentiments qui les divisaient auparavant, et enchevêtre tellement les intérêts de tous, que l'on est effrayé à la seule pensée de la possibilité d'un conflit sérieux, que les armements de l'Europe acquièrent une importance qui n'a jamais été égalée.

Il eût été logique, étant donné le courant humanitaire et utilitaire qui entraînait le monde entier et semblait avoir pour objectif un état de plus en plus parfait de l'espèce humaine, que la guerre devînt un simple accident ne pouvant malheureusement pas être évité tout à fait, mais n'occupant qu'une place secondaire dans les combinaisons de la politique générale, abandonnant la première à l'étude et à la mise à jour des questions sociales.

C'est le contraire qui a lieu! Depuis vingt ans aucune science n'a été étudiée et n'a fait plus de progrès sous le double rapport scientifique et matériel que celle qui a pour objet de détruire les hommes.

L'exposition du ministère de la guerre à l'esplanade des Invalides a démontré le degré de perfection auquel on est arrivé dans la construction des machines à tuer. Il est vrai que, concurremment avec elle, avançait l'art de soigner et de guérir représenté par les services d'ambulances : ce qui amène à la réflexion bien simple, au point de vue humain, de supprimer leur raison d'être. Elle eût encore bien excité la curiosité si elle avait pu faire connaître au public la somme d'intelligence et de travail dépensée pour les organisations des armées actuelles et le montant des chiffres inscrits aux budgets européens, pour arriver à pouvoir, à un moment donné, mettre en présence une dizaine de millions d'hommes prêts à se détruire. Avec les milliards que l'Europe a dépensés pour en arriver au point actuel, elle aurait pu refaire tout son matériel industriel et doublé ses moyens de communication.

Il y a un certain nombre d'esprits d'accord pour reconnaître qu'elle aurait peut-être agi plus sagement en appliquant cet argent à la deuxième dépense. Heureusement que comme souvent le bien vient du mal, cette maladie guerrière a trouvé son remède dans l'exagération même des résultats qu'elle doit provoquer. C'est une des conséquences heureuses, citées plus haut, des progrès matériels. Le nombre des intéressés à l'état de paix est tel que les pasteurs des peuples hésiteront longtemps, sinon toujours, à déchaîner un fléau, tel que serait la guerre moderne. Sans compter que l'expérience des engins de destruction étant encore à faire sur les véritables champs de bataille, et la direction d'armées de millions d'hommes échappant à l'intelligence de leurs chefs à venir, aucune puissance militaire ne peut engager avec confiance la lutte, lutte où le hasard jouera le rôle principal [1]. C'est à ces diverses raisons qui sont à la portée de tout le monde, que la paix doit de ne pas avoir été troublée depuis 1871, en dépit des incidents survenus pendant cette période de temps, et qui jadis auraient amené certainement la guerre, tout au moins entre la France et l'Allemagne restées ennemies, politiquement par-

1. Qui peut, en effet, concevoir avec un semblant de certitude ce qui adviendra le jour où la guerre éclaterait en Europe.

Quel est le chef, ou même les chefs qui puissent se croire capables d'assumer la résponsabilité du commandement d'une armée de plus d'un million de soldats ?

Quelle est l'organisation applicable à cette multitude, nécessitant des millions de tonnes de munitions, de vivres, de matériel, et entraînant à sa suite une autre armée d'auxiliaires de tous genres, services médicaux et hospitaliers, télégraphistes, téléphonistes, aérostatiers, vélocipédistes, sans compter les chiens, les pigeons, les faucons, pour combattre ces derniers, et jusqu'aux hirondelles que l'on parle d'enrégimenter !

lant, par suite de l'annexion à cette dernière de l'Alsace-Lorraine, que la conscience moderne repousse comme un crime de lèse-humanité.

Continuera-t-on à se ruiner en prévision d'un événement retardé par tous, ou trouvera-t-on une combinaison permettant de donner satisfaction aux passions en jeu ?... Nul ne peut le dire ! On doit l'espérer.

Mais ce que l'on est en droit d'affirmer, c'est que l'Europe, et sous cette appellation il faut comprendre les pays qui ont contribué à en faire l'histoire, est en présence d'une situation économique et sociale qui exige, pour lui éviter des malheurs incalculables, non seulement la cessation de l'état de défense où elle persiste à demeurer, mais encore une entente et la réunion de toutes ses forces contre ses ennemis communs.

Ces ennemis (les pages qu'on vient de lire ont eu pour but de le démontrer) sont les populations couvrant déjà les cinq parties du monde, et celles surtout à naître, ennemis bien plus dangereux que ceux que provoque la guerre, car leurs armes sont des bras et des outils contre lesquels la force brutale n'a aucun effet.

Tous les vaisseaux de l'Angleterre, tous les régiments de l'Allemagne, n'empêcheraient pas le mal que la découverte d'une machine ou d'une céréale nouvelle pourrait causer à l'industrie de la première et à l'agriculture de la deuxième.

En effet, cette machine ou cette céréale peut, en amenant l'arrêt dans une production de première utilité, causer des ruines considérables et priver de travail des milliers d'ouvriers.

L'exploitation des mines de charbon fait vivre en Angleterre et en Belgique des populations entières. Pendant longtemps ces deux pays ont eu le monopole de ce combustible. Il s'en trouve aujourd'hui partout et il est absolument certain qu'un jour viendra où son extraction devra répondre aux besoins nationaux et par suite être relativement très modérée.

Ce qui doit arriver pour le charbon arrivera

pour une culture telle que le blé par exemple, et dans un temps dont le délai ne peut pas être très éloigné, toute source de travail humain subira les modifications nécessitées par les changements apportés à l'édifice général.

C'est ce moment, dont la durée est inappréciable, mais dont l'arrivée est proche, que les hommes d'État devraient toujours avoir présent devant les yeux, car il doit marquer le passage de l'état social ancien à l'état social nouveau.

Or cette transition ne peut pas s'effectuer sans des troubles et des déchirements réellement légitimés et que les adversaires des gouvernements et des sociétés trouveront facilement à utiliser à leur profit.

La question économique et sociale est devenue universelle. Les pays américains donnent l'exemple de l'intérêt qu'elle leur offre.

Le 2 octobre a eu lieu, à Washington, la réunion d'un Congrès auquel ont participé tous les États des deux Amériques[1].

1. Ce fait de la réunion du Congrès américain n'est nulle-

Le premier article du programme à l'étude est ainsi conçu : Études des mesures à prendre pour favoriser le développement des peuples américains et pour débarrasser les Amériques des empiétements de tout genre venant de l'Europe.

Vient ensuite l'énumération des autres questions à traiter : Création de lignes de vapeurs américaines reliant les ports américains ; établissement d'une seule zone douanière pour les pays confédérés ; création de monnaies, mesures, poids spéciaux pour les Amériques ; lois pour la protection des marques de fabrique américaines ; unité monétaire et administrative, création d'un tribunal d'arbitrage, connaissant de toutes les difficultés surgissant entre peu-

ment en contradiction avec la réalisation de l'unification finale.

Cette unification, œuvre fatale des siècles à venir, n'est pas un désidératum pour les sociétés existantes. Elle ne peut s'établir qu'à leur détriment.

Il est donc naturel que les nations ayant entre elles des affinités de races et d'intérêts se groupent pour leur défense. Une des causes militant contre la réussite du Congrès de Washington, est justement le manque d'affinités entre les peuples habitant le Nord et le Sud du continent américain.

ples américains; suppression des mesures douanières entre les différents États[1].

Ce programme, borné seulement aux Amériques, ne visant présentement que l'Europe, devra forcément s'élargir et s'appliquer au restant du monde dont la concurrence leur sera autrement dangereuse que celle du vieux continent.

Et ces pays qui prennent ainsi l'initiative dans l'organisation en vue de l'avenir, sont des pays neufs comme territoire et comme populations, n'ayant ni dettes, ni impôts[2], ni armées per-

1. Il est certain que tous ces articles ne seront pas adoptés. Mais n'y en eût-il qu'un seul accepté par le Congrès, la pensée qui a provoqué sa réunion aurait reçu la consécration désirée.

L'avenir compléterait son œuvre.

2. Les dettes et impôts existants dans les pays neufs sont représentés par des travaux et des mises en rapport des richesses indigènes, au lieu d'être comme dans les vieux pays le tribut payé aux guerres passées et futures.

Celle de la Sécession a été une guerre civile.

Quelles qu'aient été sa gravité et les dépenses qu'elle a nécessitées, vingt ans après toute trace en avait disparu, et les quinze milliards qu'elle avait coûté étaient amortis. Les cinq milliards, rançon de la France en 1871, grèvent son budget à perpétuité de trois cents millions par an.

manentes, ni partis politiques se disputant entre eux, et pouvant mettre au service de leur intérêt toutes les forces vives, apanages de la jeunesse et de la liberté.

Demander aux États d'Europe de suivre l'exemple que leur donnent ceux d'Amérique, semble être une utopie et cependant le salut est là, dans une entente qui leur permettrait d'utiliser les forces incontestables qu'ils possèdent, et qui les rendent pour le moment encore supérieurs à tous les autres[1].

Trois, parmi les plus importants, ont bien su

1. En septembre dernier, M. le comte de Leusse, ancien officier français, grand propriétaire en Alsace, auteur d'une brochure, parue l'an passé et intitulée : *la Paix par l'union douanière franco-allemande*, a écrit au comte de Mirbach, frère du baron qui est membre du Reichstag pour lui soumettre l'idée d'une union douanière (Zollverein) des puissances de l'Europe centrale en vue d'établir un tarif qui protège leur agriculture contre les produits de l'Amérique.

M. de Leusse est protectionniste déclaré ! On peut très bien admettre que l'Europe puisse se défendre par d'autres moyens que ceux empruntés à la protection seule. Toutefois l'initiative prise par M. de Leusse et qui réunit en Allemagne de nombreuses adhésions prouve que l'idée de l'entente des États-Unis d'Europe, en vue de la lutte pour la vie, est partagée par nombre d'esprits sages et réfléchis.

parvenir à s'entendre pour le cas d'une guerre qui peut même ne pas éclater et en vue de laquelle ils se ruinent en armements entraînant leurs soi-disant et futurs adversaires à les suivre dans cette voie funeste. Que les dangers que l'avenir accumule viennent à être compris par ceux qui tiennent en main le gouvernement de ces peuples et les amènent à traiter des intérêts sociaux et par suite pacifiques, avec l'esprit de suite et la pression qu'ils ont mis aux choses de la guerre, à quels obstacles sérieux se heurteraient-ils ?

Ce ne serait pas, en tous cas, les peuples qui s'y opposeraient! Les États-Unis d'Europe organisés en vue de la défense des intérêts généraux constitueraient une Société d'Assurances contre les dangers à redouter de l'étranger envahisseur, et ceux devant surgir à l'intérieur.

Pour prévenir les premiers et les combattre efficacement, ils n'auraient qu'à prendre au programme américain les projets pratiques et applicables aux besoins européens[1].

1. Le triomphe du libre-échange doit être assuré dans

En consacrant aux développements matériels utiles au commerce et à l'industrie une partie des sommes absorbées annuellement par les budgets militaires, ils les mettraient à même de lutter contre leurs rivaux et, à la rigueur, d'en triompher.

Que l'on songe à ce que l'on pourrait faire d'utile avec le prix d'un seul cuirassé qui monte à trente millions de francs !

Ils s'entendraient pour organiser l'émigration dans les contrées immenses habitées et inhabitées qui couvrent encore plus de la moitié du globe, sans l'emploi des violences motivées le plus souvent par le manque d'accord entre les divers occupants[1].

Quant au rôle leur incombant pour arriver

l'avenir, en raison même de l'accomplissement de l'unification générale. Mais il faut admettre que la période de transition aura une durée assez longue, et qu'il est dans l'intérêt commun qu'elle se passe sans amener ni grands bouleversements, ni désastres immédiats. C'est aux gouvernants à les prévenir en sachant appliquer l'*opportunisme* aux mesures à prendre.

1. L'émigration actuelle, qui n'est qu'à son commencement, et comprend plusieurs centaines de milliers d'Euro-

à la solution des questions intérieures, il serait tout tracé.

Il consisterait non pas à étudier (les études en sont faites depuis longtemps), mais à appliquer le programme des réformes nécessaires et rendues indispensables par l'organisation de la société future et qui demeurent en dehors de la politique.

Ces réformes se résument dans la garantie à donner à tout être humain de pouvoir gagner sa vie, et de la voir assurée lorsque les infirmités ou l'âge le mettent dans l'impossibilité de travailler.

Ce serait du bon socialisme réalisable par l'accord des idées religieuses et laïques et auquel les gouvernements auraient à attribuer une partie du budget à titre de service public.

En attendant l'effet de pareilles mesures, effet qui ne pourrait se produire qu'après un

péens par année, est considérée comme un mal par les gouvernements. Du jour où elle serait organisée et régularisée, ce mal, qui est très discutable, se changerait en un bien de premier ordre.

certain temps exigé pour toute œuvre humaine, il devrait être donné aux masses une instruction qui leur démontrerait que les transformations des travaux de tous genres sont inévitables; que plus que jamais le travail est obligatoire pour pouvoir vivre, et qu'il faut s'habituer à l'idée qu'aucune industrie ne peut compter sur la stabilité des temps passés ; que les gouvernements sont impuissants à diriger des événements auxquels le monde entier se trouve intéressé; que chacun doit compter sur lui seul pour gagner son pain; et que tous les systèmes, quelles que soient leurs dénominations, en dehors de ceux qui reposent sur les idées d'association et d'économie, sont œuvres d'utopistes ou d'esprits fous et méchants[1]. On diminuerait ainsi les chances de

1. Cette instruction devrait être inscrite sur les programmes des enseignements de tous les degrés, et répandue par des brochures à la portée de tous.

Elle exigerait, dans les écoles supérieures, la création de cours ayant pour objet l'étude suivie des transformations venant à se produire et des conséquences devant en résulter dans l'organisation de la société.

désordres, conséquences des crises qui se produiront forcément dans l'économie industrielle et agricole.

Et, il ne faut pas se le dissimuler, c'est là que gît le grand danger pour la société moderne ; si l'on ne parvient pas à éclairer les masses sur la réalité des faits, et que les grèves arrivent à s'organiser d'une façon générale, on n'aura pour les combattre que les moyens violents, on engagera une partie dont la fin peut être désastreuse. Ces armées sur lesquelles on croira pouvoir compter pour le rétablissement de l'ordre, sont aujourd'hui composées d'éléments bien différents de ceux d'autrefois où le soldat vivait séparé du peuple et formait une caste à part. Répondraient-elles à l'appel de leurs chefs? C'est douteux! Et courant ce risque, les gouvernements assumeraient une telle responsabilité qu'il faut espérer que, comprenant le danger, ils ne s'y exposeront pas pour obéir à un vain sentiment d'amour-propre et de nationalité mal compris qui n'a plus de raison d'être et que les progrès modernes ont condamné à périr[1].

En résumé, le vieux monde a vécu.

Celui qui doit le remplacer se trouve à la période de transformation dont les premiers effets se sont fait sentir il y a près d'un demi-siècle.

Les changements accomplis dans cette période de temps si courte ont été effrayants, et,

1. Comment l'Empereur allemand qui emploie son temps à passer des revues et à inspecter des forts ne voit-il pas que le danger qui le menace le plus, est dans le nombre toujours croissant des masses socialistes contre les revendications desquelles son armée se trouvera impuissante le jour où il l'appellera à combattre ceux qui la veille se trouvaient dans ses rangs?

L'Angleterre oublie que les circonstances où sa situation de puissance maritime l'obligeait à entretenir des forces navales équivalentes à celles réunies des autres pays ont complètement changé.

Dans les luttes possibles à venir, c'est sur terre que se décidera la victoire. Le rôle de la marine ne peut plus y être qu'accessoire.

En tout cas, quelle est la guerre qui pourrait lui donner des avantages capables de compenser les pertes énormes qui en résulteraient pour elle?

Elle aussi devrait se préoccuper plus qu'elle ne le fait de ses populations misérables dont le nombre croît en même temps que s'approche l'époque où elles auront voix au chapitre politique.

à en juger par les résultats obtenus, on peut considérer comme certain qu'à la fin de l'évolution en train de s'accomplir, l'organisation humaine sera complètement différente de ce qu'elle a été jusqu'ici.

La principale conséquence sera l'unification en tout et l'adaptation à chaque contrée des productions de toute nature imposées par l'état physique de son sol et les aptitudes de ses habitants.

Ce résultat est logique et n'offre rien de choquant pour la raison.

Quel temps demandera-t-il pour se produire et arriver à l'édification définitive de la nouvelle société humaine? Là seulement est l'inconnu!

Toutefois, en considérant ce que la génération actuelle a déjà vu comme nouveautés, on peut admettre que celle qui assistera à son accomplissement n'est pas très éloignée.

C'est dans cette rapidité probable des événements, et dans le bouleversement assuré des intérêts des uns au profit des autres (les uns étant les pays vieux, civilisés et appauvris en réalité pour les raisons qui ont été dites ; les autres les pays neufs, barbares ou à naître, et riches par leur sol et leur organisation) que se trouve le danger à craindre de la part des premiers.

C'est en prévision de ce danger que les gouvernements européens, les seuls exposés, doivent abdiquer les haines et les préjugés, derniers survivants du passé, et s'entendre pour en prévenir les effets et faciliter la transition à l'avenir.

A Dieu seul il appartient, a dit un grand poète.

Il avait raison : mais quand Dieu permet de le pressentir, bien coupables seraient ceux qui, ayant la charge de conduire les hommes, s'entêteraient à les maintenir dans une voie qui ne peut aboutir qu'à des ruines et à des malheurs incalculables, dont ils seront les premières victimes.

Ils n'ont même pas pour motiver leur politique les raisons que pouvaient invoquer leurs grands prédécesseurs.

Quand, aux temps passés d'ignorance, un Charlemagne, un Charles-Quint, un Louis XIV songeaient à dominer la partie du monde alors connue, il leur était permis d'avoir l'orgueil d'admettre la réalisation de leurs ambitions, et l'établissement de leur toute-puissance sur la terre.

Mais aujourd'hui quel est le peuple pouvant avoir la vanité (cette monnaie de l'orgueil), de se croire un rouage indispensable dans le mécanisme de l'univers entier?

Il y a encore deux cents ans, la disparition de la partie occidentale de l'Europe par suite d'un cataclysme terrestre aurait eu pour conséquence d'arrêter la marche des progrès humains pour un temps incalculable et la barbarie régnerait plus que probablement en maîtresse sur la terre présente. Que ce même cataclysme se produise aujourd'hui ; que l'Angleterre et la France viennent à disparaître ; que la mer recouvre les plaines de l'Allemagne et supprime ainsi la triple alliance, la marche du progrès dans le restant du monde n'en sera pas arrêtée.

Les pertes matérielles trouveront leur compensation d'autre part.

Il y aurait évidemment un moment d'émotion profonde dans les classes élevées des pays survivants, mais la fourmilière humaine continuerait son travail, et après un très petit nombre d'années, il n'en serait plus parlé que dans les précis d'histoire à l'usage des petits Chinois et Polynésiens de l'époque.

Voici ce que les chefs des grands *petits* États d'Europe devraient comprendre dans l'intérêt de leur véritable gloire et du bonheur des quelques millions d'êtres dont la direction leur est encore confiée pour un temps, plus que probablement, de courte durée.

Car, plus la marche de l'humanité s'accentue, plus grande doit être la part qu'elle est appelée à prendre dans l'administration de sa fortune. Elle doit amener prochainement l'inauguration logique d'une politique basée sur les intérêts et les besoins généraux destinée à remplacer celle du passé, existant encore aujourd'hui, qui ne repose, sauf de rares exceptions, que sur la satisfaction à donner à des vanités et à des passions personnelles. Le comprendront-ils?

L'avenir seul peut le dire!

Paris. — Typ. G. Chamerot, 19, rue des Saints-Pères. — 25122.

www.ingramcontent.com/pod-product-compliance
Ingram Content Group UK Ltd.
Pitfield, Milton Keynes, MK11 3LW, UK
UKHW021100200726
13857UKWH00003B/1028

9 782013 032063